70歳からの
楽しいスマホ

渡辺としみ
スマホインストラクター

電波社

STAFF
装丁／本文デザイン：安藤純（コスミック出版）
イラスト：佐々木奈菜
企画・編集：樃島慎司（コスミック出版）
編集協力：安倍川モチ子
協　　力：田附俊雄・堤ゆかり

注意事項

・本書で使用したスマホは下記の通りです。
iPhone
機種→ iPhone 14 Plus
OS → iOS 18.1.1

Android
機種→ arrows We FCG01
OS → Android 14

・本書の掲載情報は、2025 年 1 月時点のものです。

・スマホの操作方法・画面表示等は、機種、OS、設定等によってそれぞれ異なることがあります。本書で紹介したスマホの操作方法・画面表示等はあくまでサンプルの 1 つです。あらかじめご了承ください。

・本書の掲載情報について、細心の注意を払い、できる限り正確な情報を提供するように努めておりますが、本書で紹介したアプリやサービス等の利用によって生じた損害、情報が不正確であったこと、あるいは誤植があったことなどにより生じたいかなる損害に関しても著者、編集人、発行人、発行所、印刷・製本所のいずれも責任を負いかねます。

・本書に関するユーザーサポートは行っていません。本書の内容に関する電話でのお問い合わせには応じかねます。

はじめに

「ひとり一人が一台」のスマホを持つ時代になりました。テクノロジーの世界は日進月歩で、次々と新しい機能が加わって便利になっていきます。その一方で、操作方法に悩むシニアが多いのも事実です。

私が長年シニアの皆さんにスマホ講座を行う中で、

「必要性に迫られてスマホを購入したものの、電話とメール以外あまり使っていない」

「予防接種の予約や映画のチケットを取ることもできなかった」

「ガラケーの方が使いやすかった」と言った声をよく聞きます。

ただ、お伝えしたいのは、「スマホは使い方が難しい」わけではありません。また、「スマホはすべての機能を使いこなさないといけない」わけでもありません。スマホの機能をすべて使えるようにならなくても、日常の小さな「困ったなぁ」が減り、小さな「助かった」「便利」がとても増えるんです。

私自身が受講者と同じシニアです。受講中はいつも笑いが絶えません。

私の講座を受講すると、シニアの方々は、「スマホっておもしろいのね！」と口々に言います。

スマホを使う上で大事なことは「慣れる」ことで、それよりももっと大切なことは「スマホを楽しむ」ことなのです。

本書では、長年シニア向けのスマホ講座を行う中で、好評だった機能やオススメしたい機能を厳選して紹介しています。

「スマホって何？」「検索」「カメラ」「地図」「ＬＩＮＥ」「その他」の６つの章に

分かれているので、まず興味を持った機能の項目から読んでみてください。

最初から最後まで通して読む必要はありませんし、本書に書かれているすべての機能・アプリの操作方法を覚える必要はありません。まずは、「これは使える」「楽しい」「便利だ」と思う機能を見つけて、そのページを読んでみてください。

操作方法がわかったら、実際に試してみて、その後はとにかくたくさん使ってください。使っているうちに少しずつ操作に慣れてきて、次第に次に押すボタンの場所が予想できるようになります。

そこまでできるようになったら、興味のある機能やアプリに挑戦です。何度か使ってみたけど楽しくなかったものは使わなくても大丈夫です。

そうやって、楽しく使えて便利な機能やアプリを厳選していけば、いつしかスマホはあなたにとって、なくてはならない大切な存在になっていることでしょう。

2025年1月　渡辺としみ

70歳からの楽しいスマホ術　目次

第1章 スマホって何？

まずは
スマホについて
知りましょう

携帯電話会社のシニアスマホ講座を受講してみたけれど、結局わからないままになっていませんか？

私は、２０１１年からシニア層に向けて、スマホ・タブレットの活用方法を普及する活動をはじめました。活動当初はタブレットの講座が中心でした。その頃は「シニア層にスマホが浸透することはないだろう」と高《たか》を括《くく》っていたのです。しかし、急速にデジタル化が進み、コロナが落ち着く頃になると、年齢に関係なく、ひとり一人が自分のスマホを持つことが当たり前となりました。その大きな理由のひとつが、それ

まで主流だった3G回線（ガラケーの回線）の終了です。

3G回線が終了すると、ガラケーからスマホに切り替えなければなりません。携帯電話会社にそう言われたため、スマホを購入したシニアの多くは「使い方がわからない」、「触っただけで大金を請求されるんじゃないか」、「すぐに動かなくなるんじゃないか」という不安から、「スマホを持っていても使わない」という状況に陥ります。

携帯電話会社はシニアを対象にしたスマホ講座を用意していますが、それを受講しても「わからない」というシニアがあとを絶ちません。というのも講師の大半はデジタルネイティブ世代ですから、シニアのスマホの苦手意識が感覚的に理解できないのです。シニアの方も何がわからないのかを講師に質問できないまま、結局「わかった振り」をして帰っていかれるのです。

私自身、還暦を過ぎており、シニアの方がスマホのどの部分に苦手意識を持つのかが手に取るようにわかります。本書では、できる限り苦手を感じないように説明していますので、ぜひご自身のスマホでも挑戦してみてください。

デジタル専門用語を、やさしく言い換えてみると

シニアの方がスマホに苦手意識を持つ理由のひとつが、ややこしいデジタル専門用語です。「OS」「アプリ」など、自分でも何となく口にしてはいるけれど、ちゃんと意味をわかっていない人は意外と多いものです。そして、「どういう意味なの?」と質問するのも、今さらすぎて聞くのが恥ずかしいと、そのままにしている人もいます。

ただし、デジタル専門用語をすべて覚えないとスマホが使えないというわけではありません。また、日本語に言い換えてみると、「なんだ、そんなことか!」と意外とすんなり理解できたりもします。

ここでは、覚えておいた方がいいデジタル専門用語やよく使うデジタル専門用語をわかりやすい日本語に言い換えてご紹介します。

まず覚えてほしいのが、「OS」です。これは人間でいう「脳」の部分に当たります。また、

OS ▶ 脳

アプリ ▶ 道具

アイコン ▶ マーク

ID ▶ 会員番号

アカウント ▶ 会員証

OSはiPhoneの「IOS」とAndroidの「Android OS」のたった2種類だけです。「OS＝脳」を覚えたら、あとは簡単です。よく耳にする「アプリ」は「道具」。「アイコン」は道具を表す「マーク」です。ここまで覚えたら、スマホの基本的な使い方はすぐに理解できると思います。

もう少しだけ覚えておいてほしいデジタル専門用語があります。それは「ID」と「アカウント」です。これらはアプリを使いはじめる時に度々出てくる言葉で、「ID」は「会員番号」、「アカウント」は「会員証」を意味します。

ここまで覚えたら怖いものはありません。さぁ、スマホを自由に楽しんでみましょう！

ガラケー・スマホ・タブレットの違い

シニアの中には、ガラケー・スマホ・タブレットの違いを理解されていない人が多くいらっしゃいます。その方々が3つの違いの判断基準としているのは「形」や「大きさ」です。もちろん、それも間違いではないのですが、実はいろいろな違いがあるんですよ。

例えば、昔からあるガラケーは、スマホ・タブレットよりも機能が少なく、アプリやインターネットは使えませんし、Wi-Fi接続もできません。メール機能に関しても、基本的には契約している携帯会社のメールとSMS（ショートメール）のみです。

対するスマホ・タブレットは、アプリやインターネットが使えますし、Wi-Fi接続もできます。携帯会社のメールやSMSだけでなく、Gmailなどのフリーメールも幅広く使えます。

スマホとタブレットは、ほぼ同じことができるため、大は小を兼ねるということで、画面の大きなタブレットの方がいいのではないかと考える人もいます。

しかし、スマホには電話回線がついているけれど、タブレットにはついていないため、電話回

機種	ガラケー 電話にメールやカメラの機能がついたもの 	スマホ 電話ができるパソコンのようなもの 	タブレット 画面の大きなスマホ（電話だけできない） 
インターネット	×	○	○
アプリ	×	○	○
Wi-Fi 接続	×	○	○
カメラ	○	○	○
電話	○	○	×
メール	○ 携帯会社のメール・SMSのみ可能	○ 携帯会社のメール・SMS ほかGmail・Yahoo!メールなどのフリーメールも可能	○ 携帯会社のメール・SMS ほかGmail・Yahoo!メールなどのフリーメールも可能

線を使っている一般家庭やお店や病院などには電話できません。

たまに、「このタブレットはテレビ電話ができるわよ」と言う方もいますが、それは同じアプリを使っている人同士だけができるアプリ内通話のことです。

スマホとタブレットで迷っているのなら、電話をするかしないで選ぶといいでしょう。

機種は何を選ぶ？
教えてくれる人と同じ機種を選ぶのがオススメ

スマホ講座でよく聞かれるのが「どの機種を使ったらいいの？」という質問です。これはとても難しい質問で、いろいろな答えが考えられます。例えば、日本のスマホシェア率を参考にした場合は、Apple製のiPhoneがナンバーワンです。しかし、シニア層でのスマホシェア率は圧倒的にAndroidの方が高いのです。実際に、講座に参加される方の9割方がAndroidを使っています。

だったら、「シニアにオススメなのはAndroidだろう」という回答も正しいとは言えません。なぜなら、iPhoneの場合は基本的な構造が決まっていて、使い方もほぼ同じ。さらに、データがコピーできるので、機種変更しても、すぐに使いはじめられます。

一方のAndroidは世界中のいろいろな電機メーカーが作っているため、機種によって構造が違います。データのコピーができないので、機種変更したらイチから設

スマホ機種	製造会社	OS（脳）	開発会社
iPhone 	Apple	iOS	Apple
Android 	Samsung、Xiaomi、Google、Sony、HUAWEI、OPPO、SHARPなど複数の会社が製造	Android OS	Google

- **iPhone** は **Apple** だけが製造しているスマホ
- **Android** は**いろんな会社**が製造しているスマホ

スマホ機種メーカー日本のシェアランキング

出典：Statcounter Global Stats 2024年8月

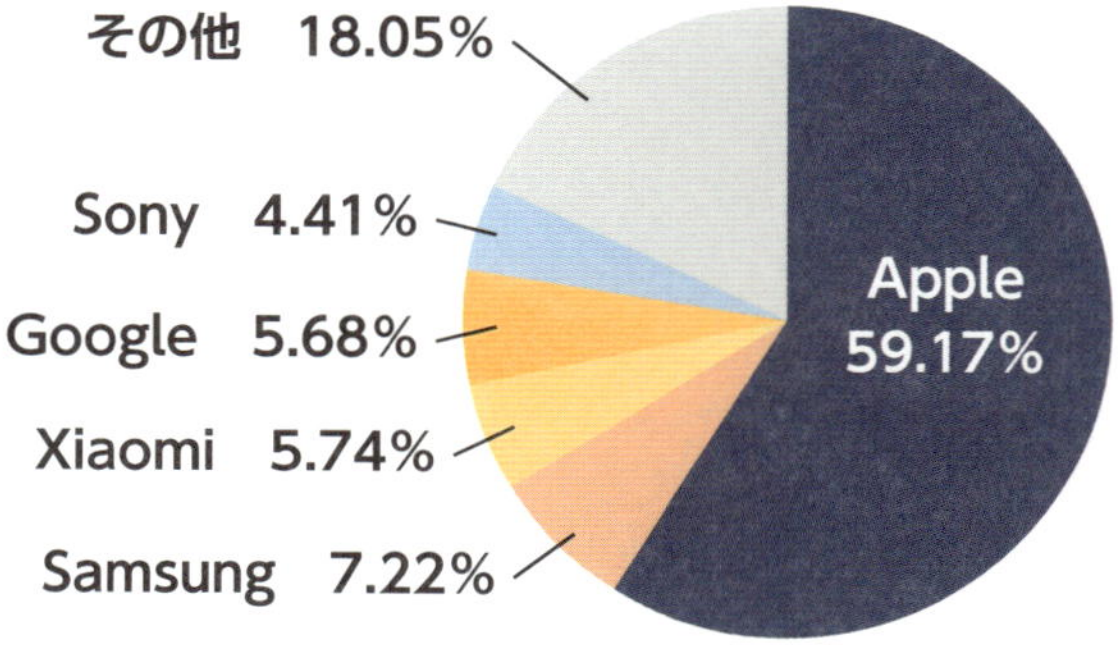

定し直さなければなりません。

そういった理由から、iPhoneとAndroidどちらがオススメとは言い切れないのです。

機種選びで迷った時は、家族などの近くにいる人が使ってる機種と同じものがオススメです。同じものを使っているため、わからないことを教えてくれることでしょう。

iPhoneとAndroidはホーム画面が異なる アプリに入れば、ほぼ一緒

ホーム画面

iPhone

Android

iPhoneとAndroidは、作っている会社が違うために、画面の見え方やどこに何があるのかなどにも多少の違いがあります。アイコンの形もiPhoneは四角でAndroidは丸といった違いがあります。

しかし、アプリの中に入ってしまえば、ほぼ一緒です。画面の見方や操作の仕方に違いはありません。「自分はiPhoneだけど、友だちはAndroidを使っているから、教えてあげられないわ」といった心配もありません。

「困った時に、孫や子ども、近くにいる人に聞く場合、ユーザー（使う人）が圧倒的に少ないらくらくフォン、シニアスマホだと困ることになります」

機種選びで迷った場合は、近くにいる人が使ってる機種と同じ機種がいいことを前述しました。その理由は、使い方がわからなくなっても、まわりで同じ機種を使っている人に教えてもらうことができるからです。

ここでひとつ注意したいのは、シニアがよく使っている「らくらくフォン（ホン）」などのシニアスマホは、若い人たちは使っていないということです。「ここからどうしたらいいのかわからないから教えてほしい」と言っても、まわりの人はらくらくフォンを使っていないので教えることができないのです。「若いのになぜ知らないんだ！」と言い返すのは言語道断です。このように、スマホの使い方でケンカにならないためにも、まわりの人が使っている機種をチェックしておきましょう。

スマホの使い方を
教えて
らくらくフォン
でしょ、
わからないよ

スマホの通信のこと

スマホを契約する時に決めることは「モバイルデータ通信のこと」と「電話回線のこと」の2つです。ほかにオプションのこととかいろいろ言われるから難く感じてしまうけれど、基本はこの2つだけ。

電話回線を使うのは、電話番号の音声通話とショートメール（SMS）です。電話をよくかける人は、「かけ放題」や「〇〇分間無料」などの契約にしておくと安心ですね。

モバイルデータ通信を使うのは、メールやLINEや検索など、電話回線以外のもの全てです。これは一か月に「〇〇ギガバイト」や「使い放題」や「使った分だけ」など、携帯会社のプランはいろいろあります。自分のスマホの使い方にぴったり合ったプランを選ぶことが大切です。

それとは別に、Wi-Fiってご存じですか？　今では、カフェやホテルなどいろいろな場所で無料Wi-Fiを使うことができます（100頁参照）。このWi-Fi

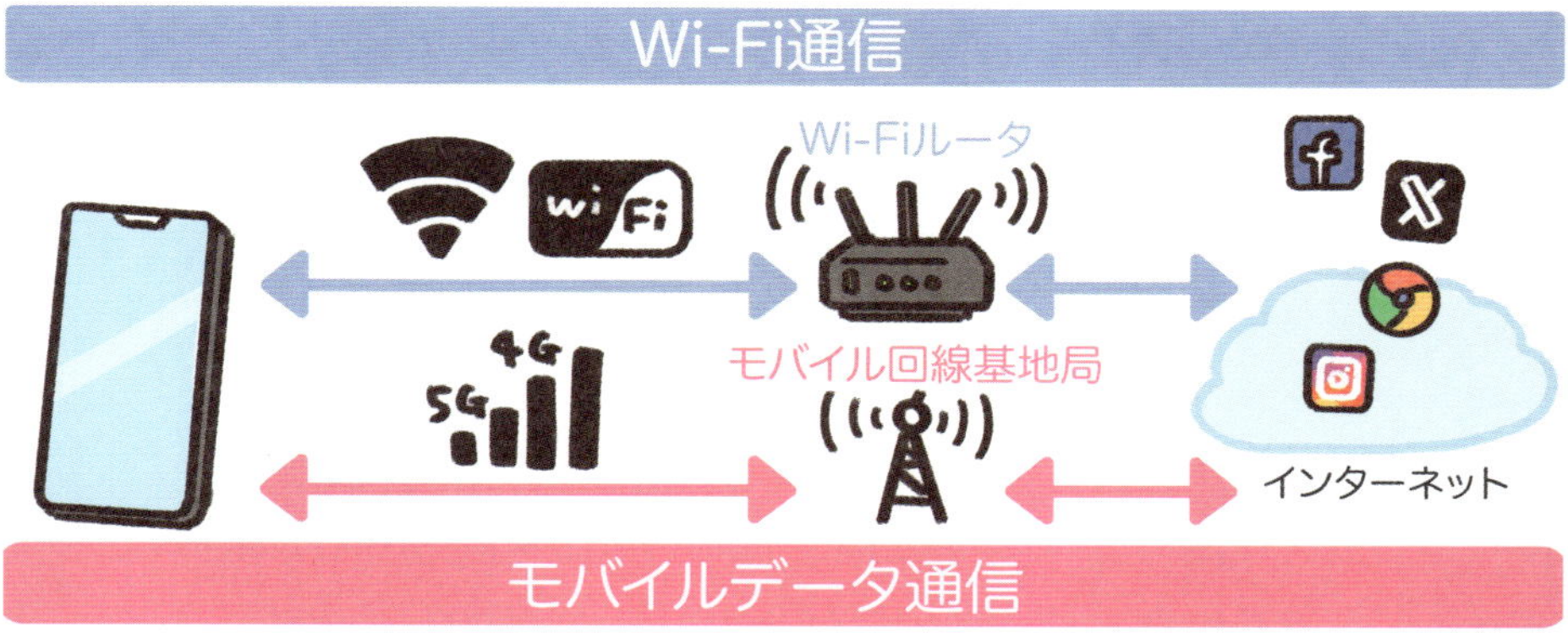

・**「モバイルデータ通信」**経由でスマホを使用した場合
→契約した通信データ量を**消費していく**

・**「Wi-Fi 通信」**経由で、スマホを使用した場合
→契約した通信データ量は**消費しない**

に繋ぐと、自分のモバイデータ通信を使わずインターネットに繋がるのです。若い人たちは、パソコンやスマホをマクドナルドやスターバックスの無料Ｗｉ－Ｆｉに繋いでいるのです。

でも、無料Ｗｉ－Ｆｉに繋ぐ時は、注意も必要です。無料Ｗｉ－Ｆｉに繋いだ時にクレジットカードや銀行口座などのお金に関する操作は、絶対にしないでくださいね。同じＷｉ－Ｆｉに繋いでいる人の中に、悪意のある人がいたら情報を抜き取られてしまうこともあるからです。

画面がすぐ暗くならないように設定

買ったばかりの時は、画面に触れていないと数秒で画面が暗くなります。まずは、暗くなるまでの時間の長さを変えましょう。

iPhone

ダークモードの場合

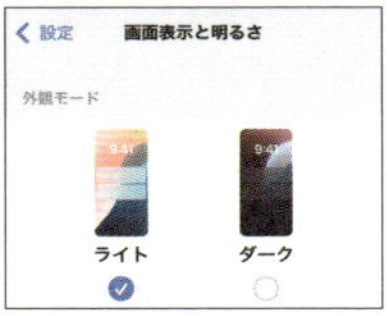

初期設定はライトモードになっています。

①歯車のマークの「設定」をポンと押して、アプリを開きます。

②アプリが開くと、いろいろな設定項目が出てきます。画面に指を当て、下から上に向かって上げていきます。

Android

ダークモードの場合

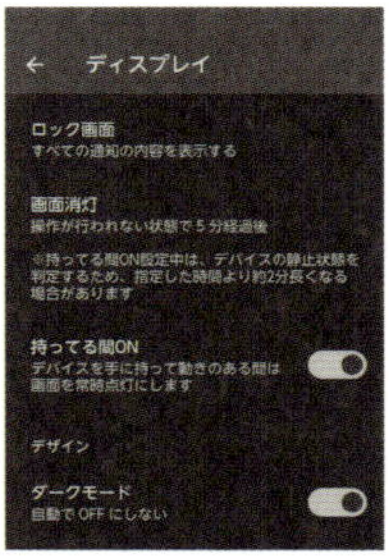

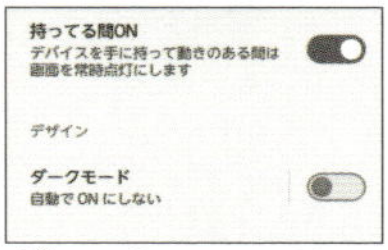

ダークモードになっていることが多く、見にくい場合は④の画面からオフに変更します。

①歯車のマークの「設定」をポンと押して、アプリを開きます。

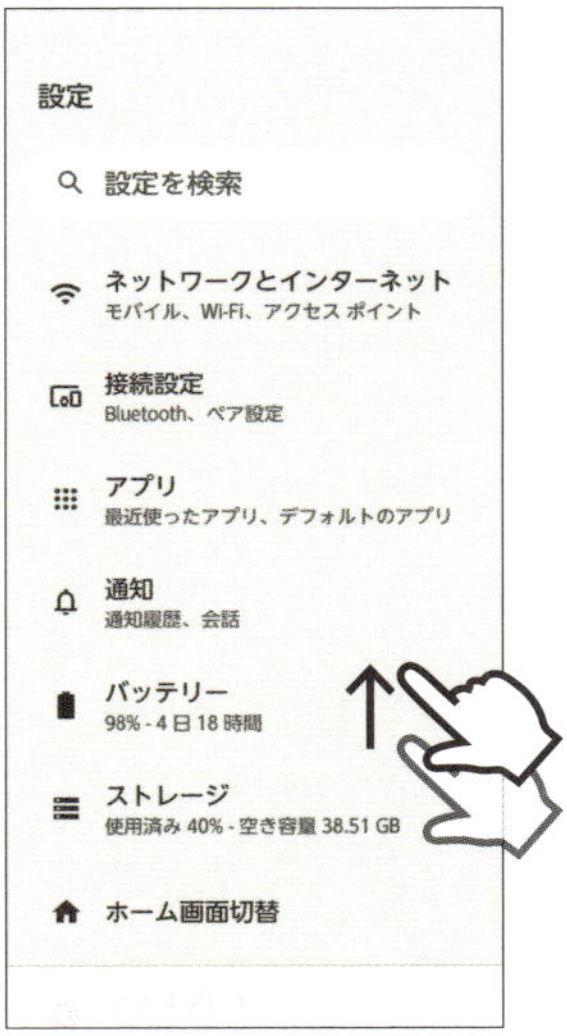

②アプリが開くと、いろいろな設定項目が出てきます。画面に指を当て、下から上に向かって上げていきます。

③「画面表示と明るさ」という項目が出てきたら、ポンと押します。

④もう一度、指で画面を下から上に上げていきます。「自動ロック」の横に出ている数字をポンと押します。

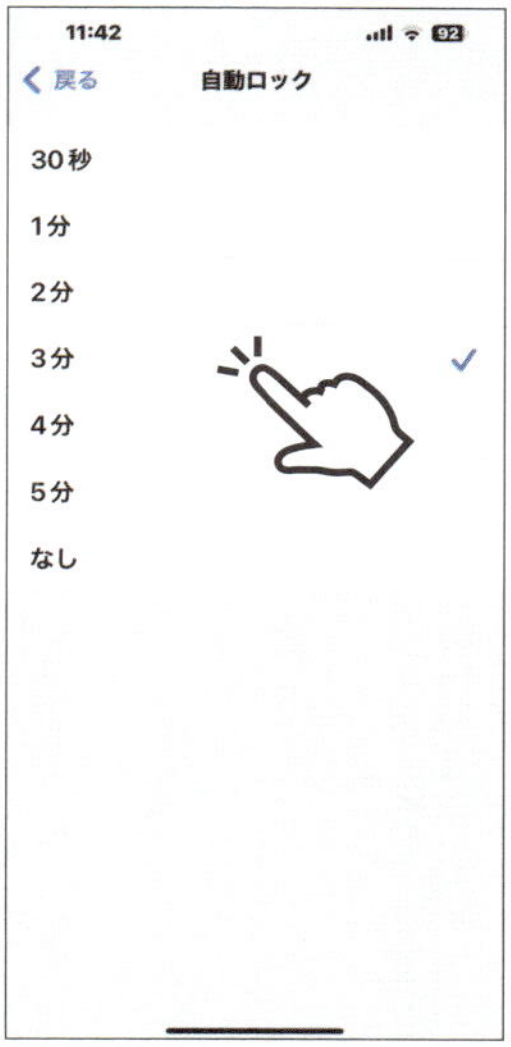

⑤好きな時間を選びます。選択した時間で不具合があれば、時間を縮めたり、長くしたりするといいでしょう。

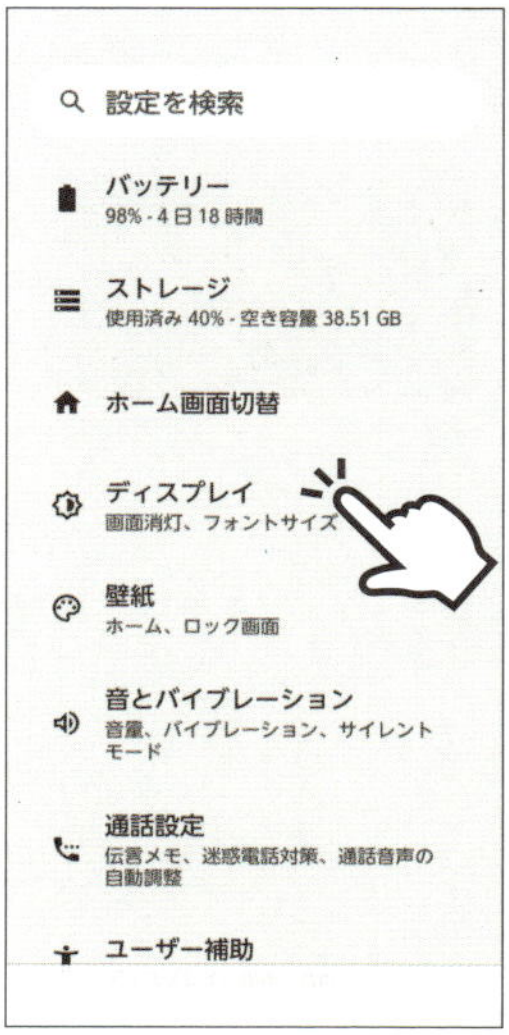

③「ディスプレイ」をポンと押します。(機種によって項目名が違う場合もある)

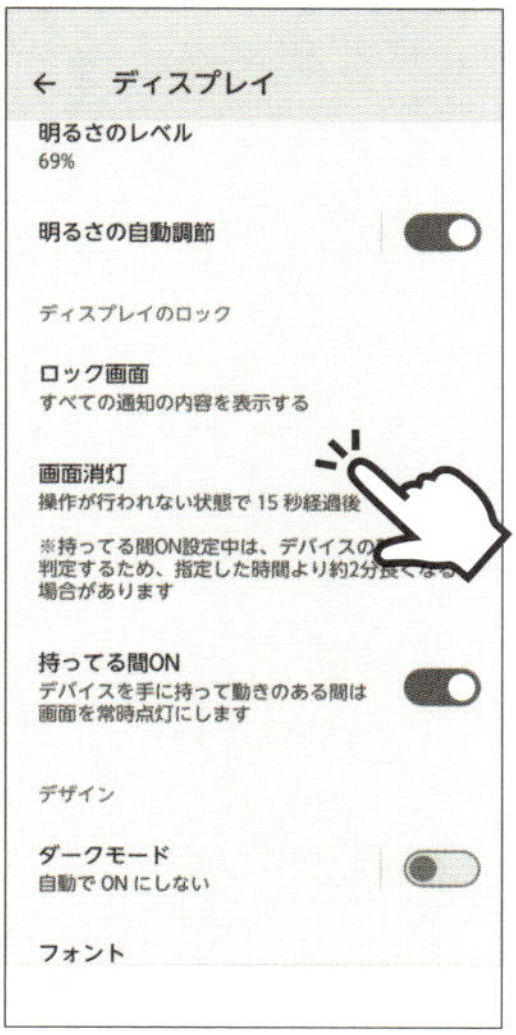

④「画面消灯」と書かれた文字の部分をポンと押します。(機種によって項目名が違う場合もある)

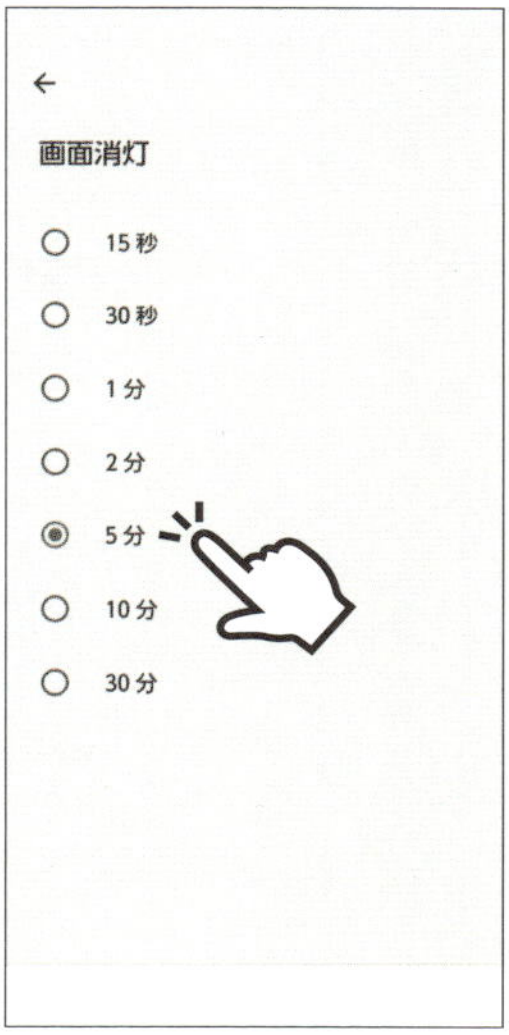

⑤好きな時間を選びます。選択した時間で不具合があれば、時間を縮めたり、長くしたりするといいでしょう。

アプリの探し方・入れ方

好きなアプリを自由に使えるのがスマホの醍醐味です。また、アプリを入れる時は、必ず「アプリ」から入れましょう。専用のアプリ」から入れましょう。

iPhone

① 「App Store」（アップストア）をポンと押します。アプリが開いたら、右下にある虫メガネマークを押します。

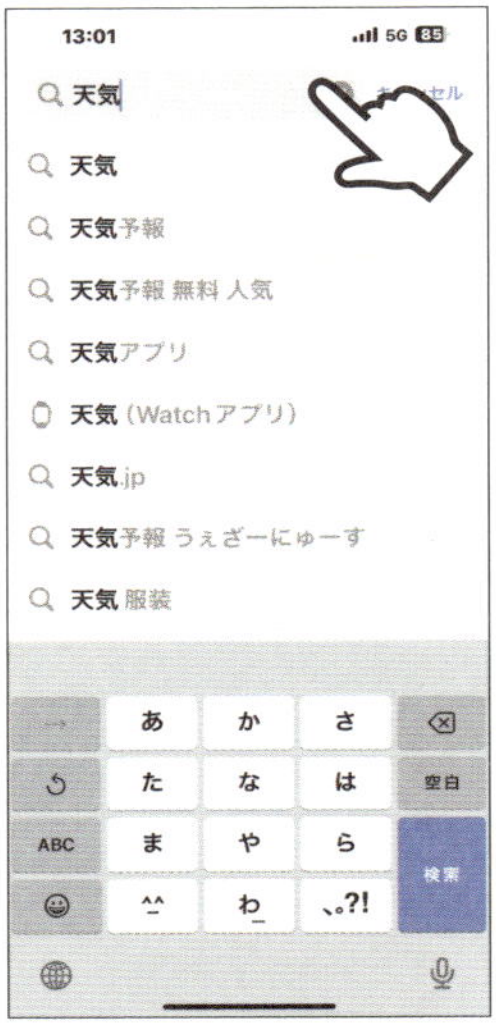

② 検索窓を押し、ほしいアプリの名前を入力します。アプリを選ぶ基準は、星の数の多さと評価の高さです。

Android

① 三角形の「Play ストア」（プレイストア）をポンと押してアプリを開きます。

② 下メニューの右から2番の虫メガネマークを押します。

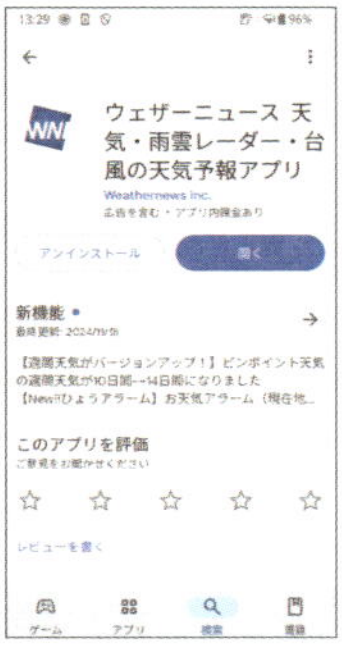

アプリ内課金とは？

無料でも十分に使えるけど、広告を消したり、特別なサービスを追加したい時に発生する料金のことです。

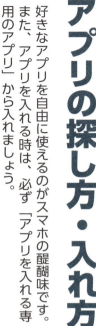

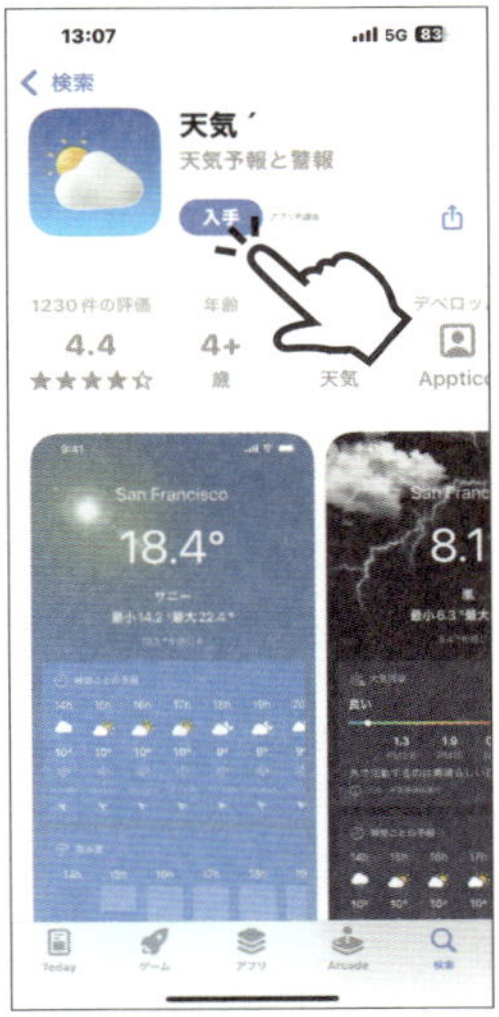

③気になるアプリを押して、詳細を下まで一通り見たら「入手」を押します。（「入手」は無料、有料の場合は金額が表示される）

④次に「インストール」を押します。（タッチID・顔認証・パスワードが求められる場合もある）

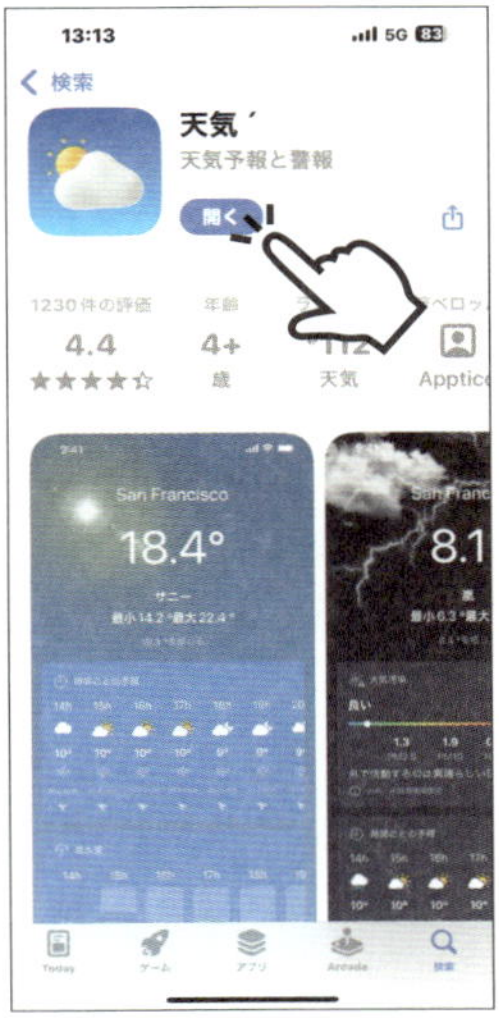

⑤インストールが完了したら、「開く」をポンと押します。そうしたら、アプリが開きます。

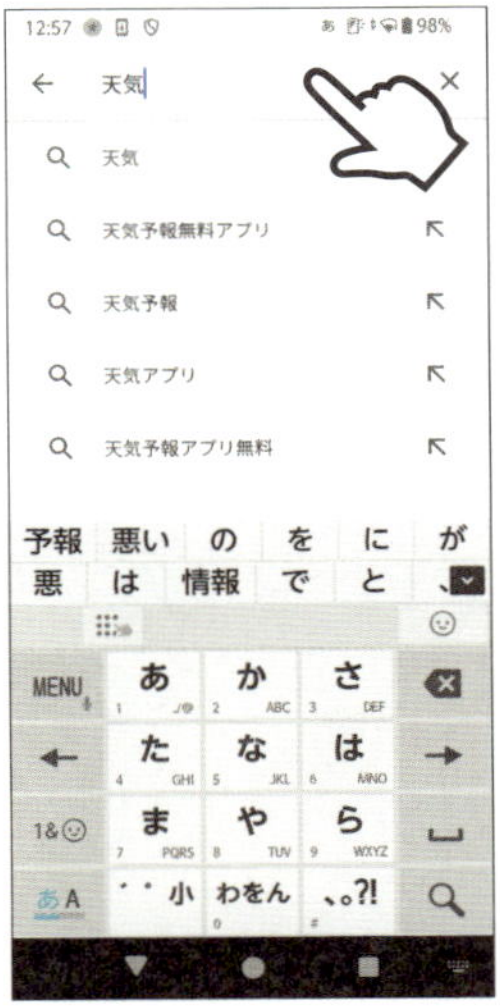

③出てきた検索窓に、ほしいアプリの名前を入力します。アプリを選ぶ基準は、星の数の多さと評価の高さです。

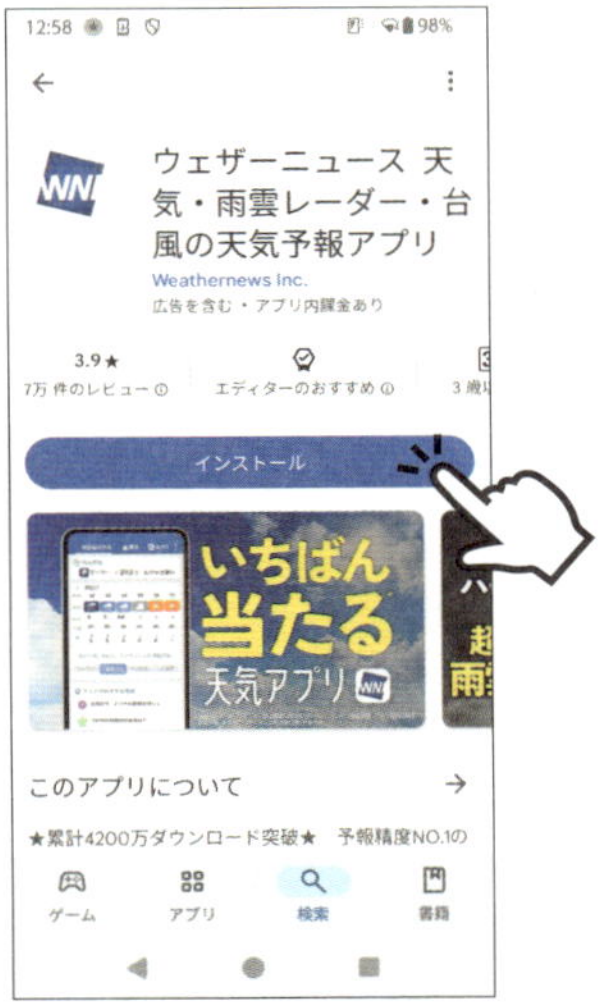

④押すとアプリの詳細が出てきます。下まで一通り見て、アプリを落とす場合は「インストール」を押します。インストールは無料です。

⑤「開く」ボタンをポンと押したら、アプリが開きます。

アプリの整理

アプリを引き出し（フォルダ）に入れる

アプリが増えると、どこに何のアプリがあるのかわからなくなる場合があります。そんな時は、引き出し（フォルダ）を作り、整理すると便利です。

iPhone

①イトーヨーカドーとサミットのアプリを入れる引き出しを作ります。どちらかを２秒ほど長押しします。

②メニューが出てきたら、「ホーム画面を編集」をポンと押します。そうするとアプリがブルブルし出します。

Android

①イトーヨーカドーとサミットのアプリを入れる引き出しを作ります。

②まとめたいアプリのひとつを指で押しながら、もうひとつのアプリに重ねます。その後、パッと指を離します。

③まとめたいアプリをひとつ選び、指で押しながら、もうひとつのアプリに重ねて、パッと指を離します。

④アプリが入った箱が現れます。箱の名前を変えたい場合は「×」を押してから、名前を入力します。

⑤イトーヨーカドーとサミットのアプリが入った引き出しが完成します。

③箱に名前をつけるため、ポンと押します。すると、「名前の編集」が出てきます。

④つけたい名前を入力したら「確定」を押します。

⑤箱の外の画面をポンと押したら、箱が閉じます。

アプリの整理

使わないアプリを削除する

アプリを入れて実際に使ってみても、使いにくかったり、次第に使わなくなったりした場合は、ためらわずに削除をして、好きなアプリだけを残しましょう。

iPhone

●アプリをスマホから完全に削除する

①消したいアプリを２秒ほど長押しします。出てきたメニューの中から「アプリを削除」をポンと押します。

②「"〇〇"（アプリの名前）を取り除きますか？」という確認が出てきたら、もう一度「アプリを削除」を押します。

Android

●アプリをスマホから完全に削除する

①消したいアプリを２秒ほど長押しします。出てきたメニューの中から「アプリ情報」をポンと押します。

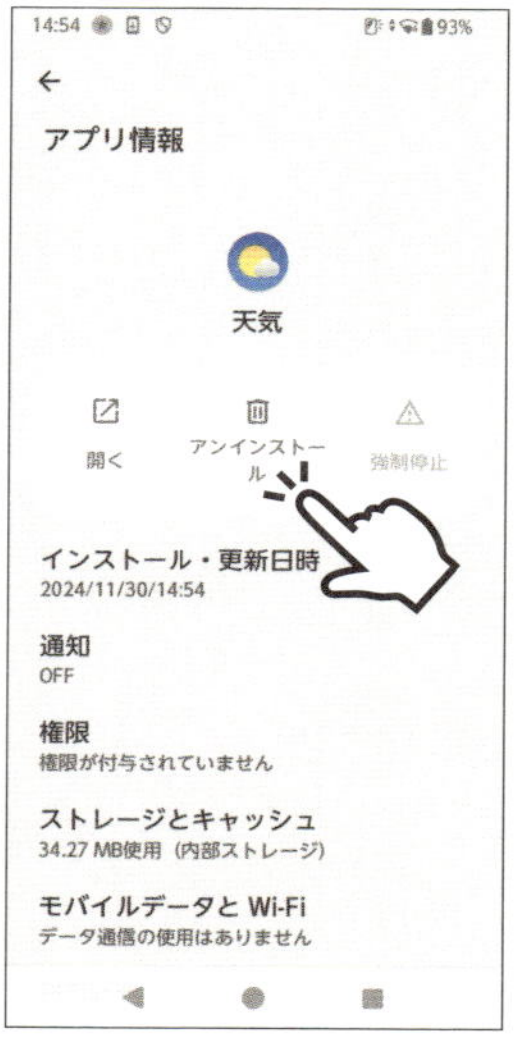

②ゴミ箱マークのついている「アンインストール」を押し、「本当にアンインストールしますか?」と出てきたら「OK」をポンと押します。

●アプリをホーム画面から取り除く

①消したいアプリを2秒ほど長押しします。出てきたメニューの中から「アプリを削除」をポンと押します。

②「"○○"(アプリの名前)を取り除きますか?」と出てきたら、「ホーム画面から取り除く」を押します。

③「"○○"(アプリの名前)を削除しますか?」という確認が出てきたら、「削除」を押します。

言い方の違い

アプリをスマホから完全に削除すること

iPhone
▼
アプリを削除

Android
▼
アンインストール

アプリをホーム画面から取り除くこと

iPhone
▼
ホーム画面から取り除く

Android
▼
削除

●別のやり方

①消したいアプリを2秒ほど長押しすると、右上に「アンインストール」が現れます。アプリをそこに移動します。

②「アンインストール」の枠の中にアプリを入れたら、指を離します。(この操作方法はできない機種もある)

覚えると便利

ロックのかけ方・パスコードの変更

スマホの中身を他人に見られるのは嫌なものです。スマホ決済をする人は必ずロックをかけておきましょう。

Android

Android ではロックのかけ方を紹介します。

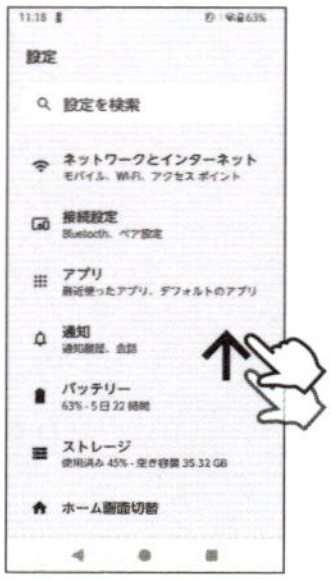

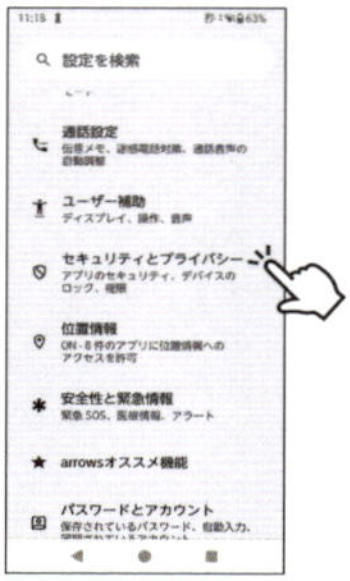

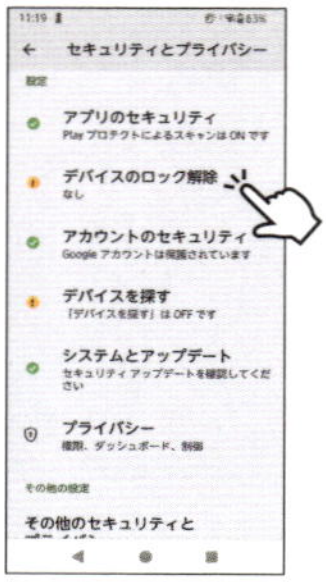

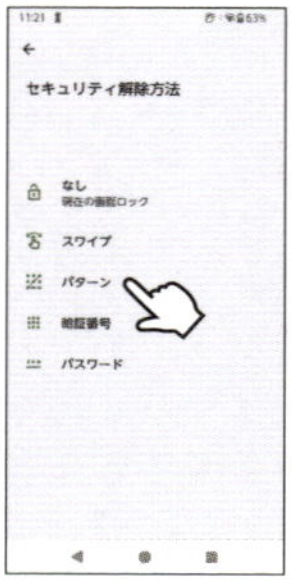

①「設定」を開き、画面を下から上になぞって引き上げていきます。

②「セキュリティとプライバシー」という項目を押します。

③「デバイスのロック解除」をポンと押します。

④「セキュリティの解除方法」をポンと押します。

⑤「なし」以外の項目から好きな解除方法を選んで押します。

iPhone

iPhone では「パスコードの変更」のやり方を紹介します。

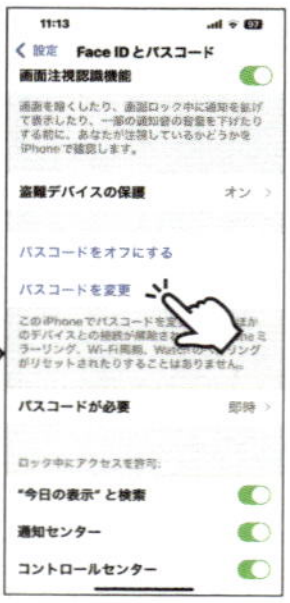

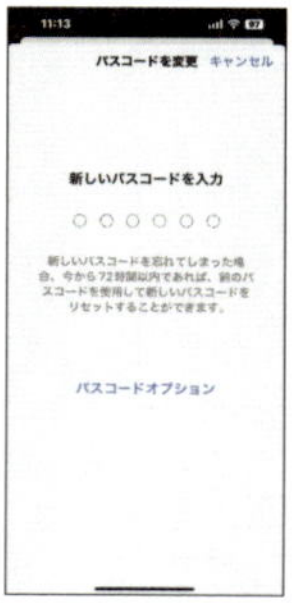

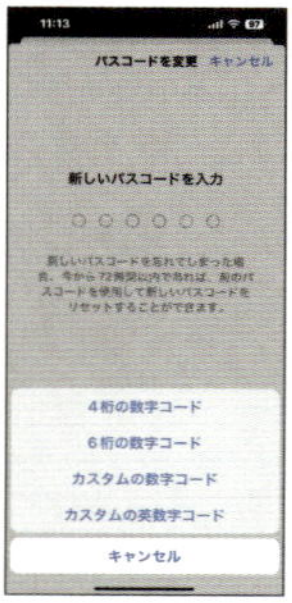

①「設定」を開いたら画面を上に引き上げて、Face ID（またはTouch ID）を押します。

②ロックできるものが出て来るので、「iPhoneのロックを解除」を押してオンにします。

③下から上に引き上げて「パスコードを変更」が出てきたらポン。

④好きな6桁の番号を入れます。「パスコードオプション」をポンとすると……。

⑤4桁の数字などもう少し簡単なパスコードにすることもできます。

第2章 検索

「桜の開花はいつ？」
「黒柳徹子は何歳？」
何を調べたって
いいんです

検索操作ができれば
スマホは8割使いこなしたのも同然

「スマホで検索をする」と聞くと、ものすごい尊敬のまなざしで見てくださるシニアの方がいます。そういった方々は、スマホの検索自体をすごく難しいことだと思っていて、意味のあることじゃないと検索してはいけないと思いこんでいるのです。

そんな人には、「黒柳徹子　何歳」と言って音声で検索してみてください」と言います。すると、ほとんどの方が「スマホで、そんなことを検索していいの？」と驚かれますが、もちろんいいのです。

スマホの検索は、普段生活をしている中でふと疑問に思ったことや、今さら誰にも聞けない流行語の意味といったことなど、何を調べてもいいのです。

例えば、テレビで見てステキだなと思ったけど、いつの間にか忘れてしまったお寺の名前。覚えている言葉の「港区　お寺　隈研吾建築」で音声検索すると、瑞聖寺《ずいしょうじ》が出てきます。他にも、よく聞くけど意味がイマイチわからない「映《ば》える」という言葉。「映える意味」で音声検索すると、「映える」を説明する辞書などのサイトが出てきます。このように、ちょっとしたことでも検索していいのです。

ただし、スマホ検索で出てきた結果をすべて信じるのは少し危険です。例えば、右側の腰に痛みを感じた場合に、「右の腰　痛い」で音声検索すると、「骨盤の不揃いが原因」、「神経が原因」といったサイトがいくつも出てきます。どれが正しいのか、間違っているのかわかりませんよね。

スマホ検索は何を調べてもいいけれど、最終的に判断するのは自分であることを忘れないでください。ここまでできれば、スマホを8割方使いこなせていると言ってもいいでしょう。

Google検索
文字入力が苦手でも、音声入力でらくらく検索

Googleアプリは、音声検索のマイク機能がとても優秀です。音声の間違った認識が少ないため、わざわざキーボードを使って手で入力しなくても、気になることを手軽かつ手っ取り早く調べることができます。

① Androidはアプリを立ち上げなくても、画面上に検索窓があることが多いです。聞くことを決めたらマイクマークを押します。

② 途中で止まらずに、調べたいこと「黒柳徹子　何歳」を最後まで一気に言いきります。

iPhoneの場合
Googleアプリをインストールする

AndroidにはGoogleアプリが入っていますが、iPhoneには入っていないのでインストールしましょう。

③ Google側が音声を認識している画面が出ます。

④ 音声認識がすんだら、「黒柳徹子　何歳」に関する情報が出てきます。

⑤ 検索したことに関連する情報も出てきます。気になる情報があればどんどん見ていきましょう。

Googleアプリ以外にも、検索アプリはたくさんありますが、シニアにはキーボード入力が苦手な方が多いものです。そんな人には、ズバ抜けた音声認識機能を持つGoogleアプリがおすすめです。

多少もごもごしてしまっても、マスクをつけながら喋っても、何を言っているのかきちんと聞き取ってくれます。

物知りの友人に質問するように気軽に喋ってみましょう。

Google検索
文字を打ち込んで、サクラの開花時期やお花見スポットを調べよう

Googleアプリの基本は、やはりキーボード入力を使ったキーワード検索です。気になることや、どうしても思い出せないことなど、いろいろ検索してみましょう。

①画面上にある検索窓をポンと押します。

②キーボードが出てきたら、調べたいキーワードを入力します。次に、右下の虫メガネマークを押します。

③「東北の桜の名所」に関する情報やサイトが出てきます。画面を下から上に上げて、気になるサイトを押します。

④サイトを開くと、詳しい情報が出てきます。画面を下から上に上げながら、気になるものがあればポンポンと押してみます。

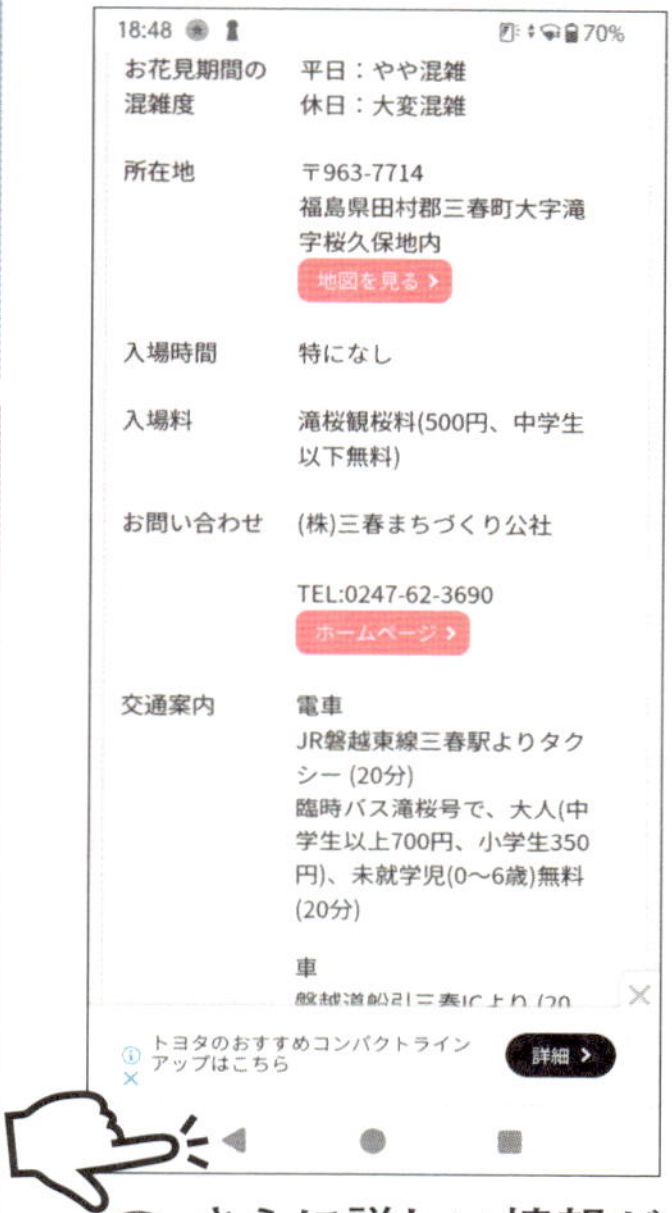

⑤さらに詳しい情報が出てきます。１つ前のページに戻るには、左下の「◀」を押します。

Googleアプリの醍醐味といえば、知りたいことの深堀りや、それに関連する情報をどんどん辿っていけることです。

はじめは、どこから違うページに繋がっているのかがわからず、とまどうかもしれませんが、気になる文字や画像を見つけたらポンポン押してみましょう。すると、より詳しい情報がたくさん出てきます。検索を繰り返しているうちに、「青い文字を押したら詳しいページへ飛ぶ」といったことが、感覚的にわかるようになっていきます。

Google検索「1つ前にもどる」ができれば、こっちのもの！

Google検索を思い思いに楽しむ秘訣が、「1つ前のページに戻る」操作です。ボタンひとつ押すだけで、何度でも繰りかえし検索ができる便利な方法です。

シニアの受講者からよく聞かれる質問のトップ3に入るのが、「どうやったら戻れるの？」という質問です。検索を自由に楽しめるようになったのはいいものの、前のページに戻れず、検索の旅をあきらめてしまう人がいます。

Androidの場合は、ページが進むと画面上に出ていたメニューがなくなるので、画面を上から下に少しだけ下ろすようにするとメニューが出てきます。そして、左上の×マークを押せば、今見ているページの1つ前のページに戻ります。

iPhoneは、戻るボタンが消えたら画面を上から下に少しだけ下げると、画面下にメニューが出てきます。左下の←マークを押すと、1つ前のページに戻ります。

また、アプリやサイトによっては、メニューが画面の上に出ている場合もあります。

Android

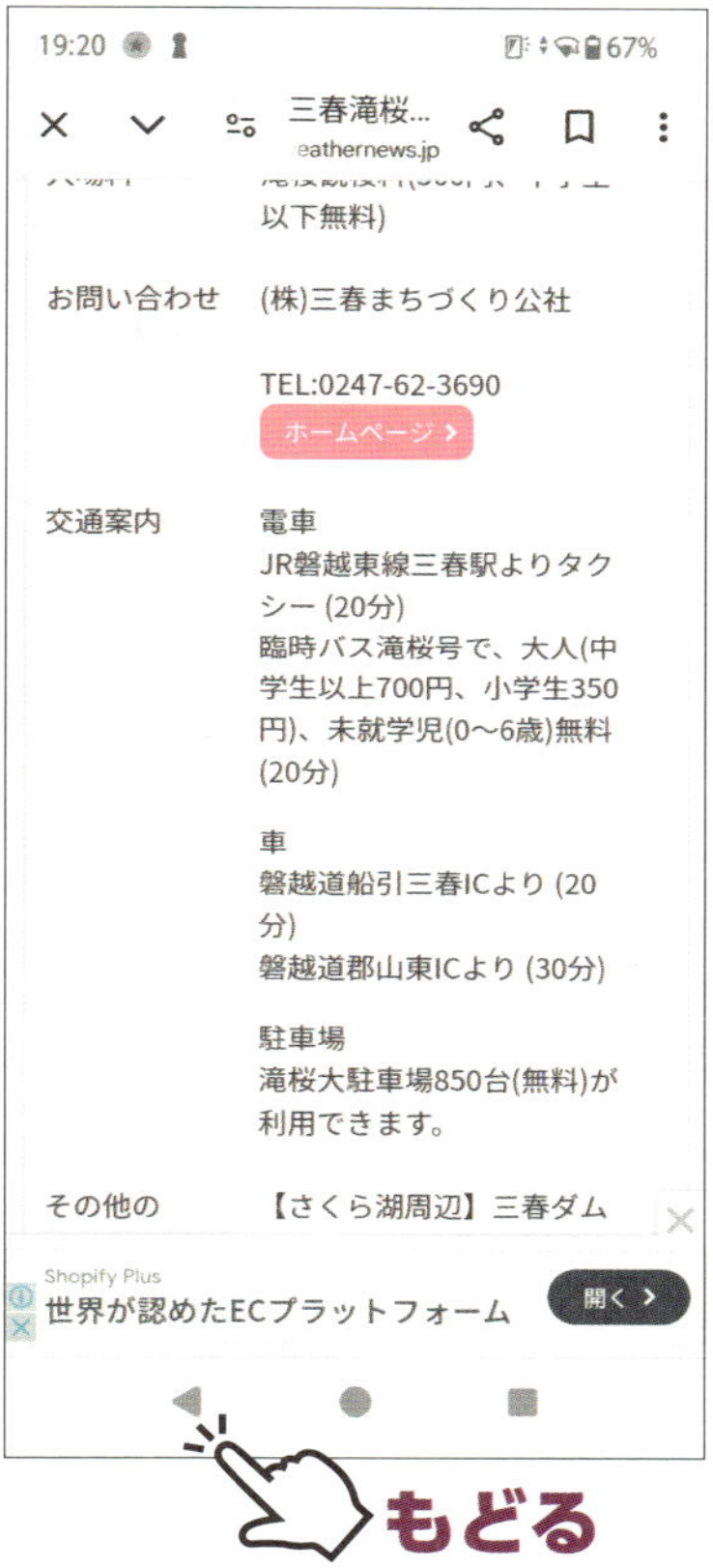

もどる

画面下にメニューが固定されています。左にある「◀」を押すと、１つ前のページに戻ります。

iPhone

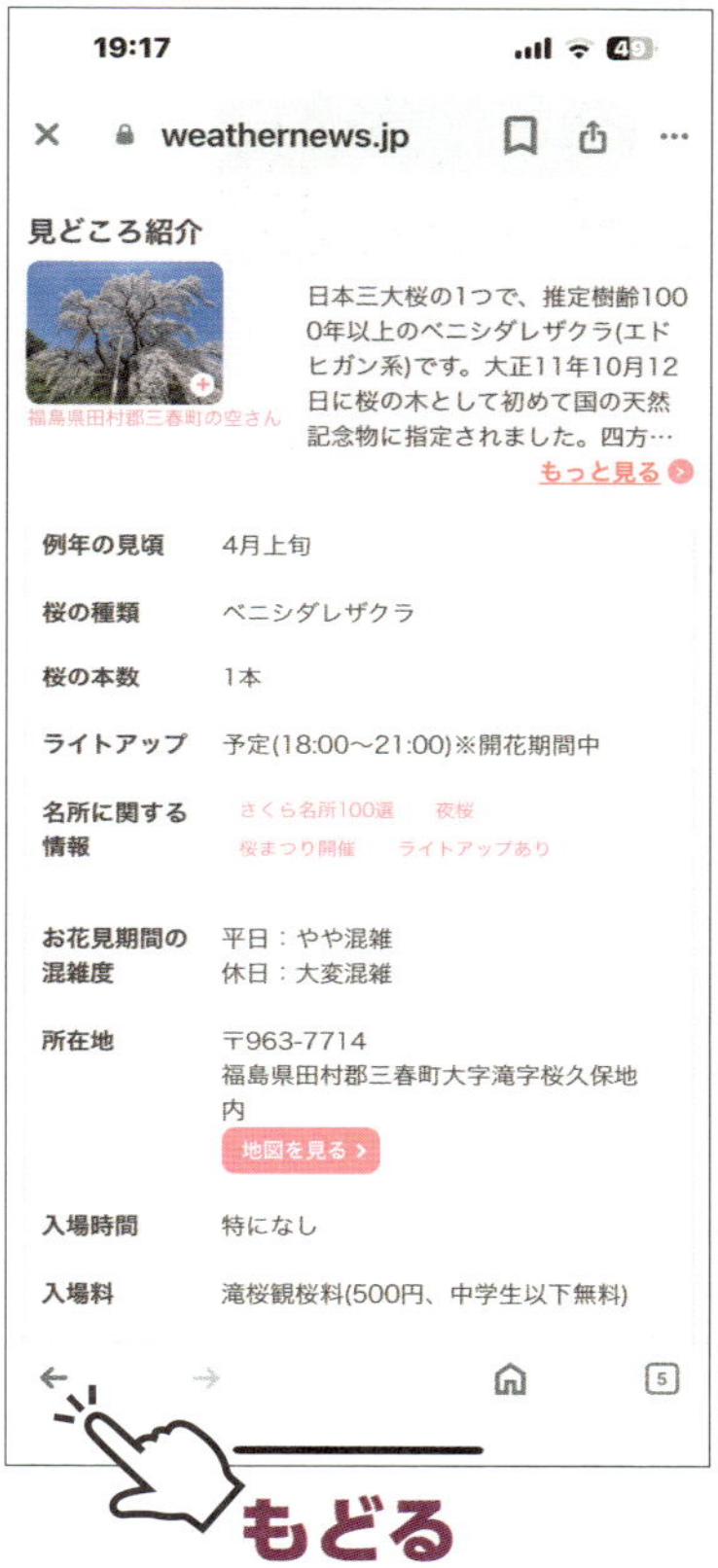

もどる

画面下のメニューの左にある「←」を押すと、1つ前のページに戻ります。

メニューが消えたら上から下へ

画面からメニューが消えた場合は、画面を上から下へ下げると出てきます。

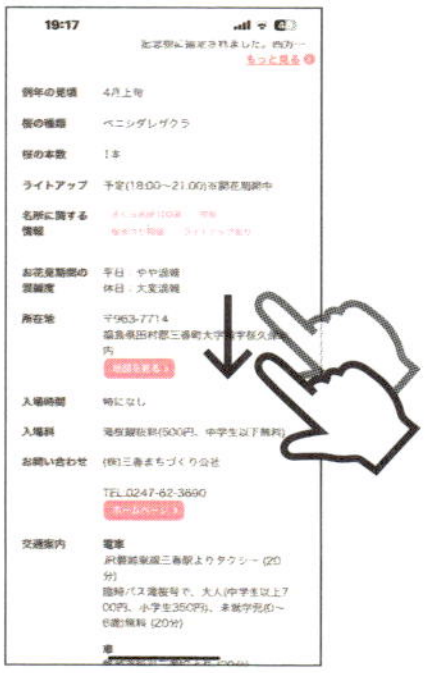

そのため、「メニューは画面の上か下」と覚えておくと、戻り方がわからなくて慌てることはないでしょう。

Google レンズ
花の名前を検索

見たことある花なのに、名前が出てこない。そんな、キーボードや音声認識検索ができないものを調べたい時に便利なのが Google レンズです。

●目の前の花を検索する場合

①検索窓の右にあるカメラのマークをポンと押します。

②「カメラで検索」と出てきたら、真ん中のカメラのマークをポンと押します。

Googleレンズは、画像から検索できる便利な代物です。目の前にあるものが何なのか、アルバムの画像にあるものが何かといったことを調べられます。

例えば、お友だちからもらったおみやげのお菓子を画像検索したら、販売店の情報がすぐに出てきます。さらにネット通販をしていれば、そこから購入することも。「これは何だろう?」と思ったら、Googleレンズで調べてみましょう。

③調べたい花が、四角い枠内に収まるようにカメラを当てたら、虫メガネをポンと押します。

④画面の半分から下に検索結果が出てきます。

⑤検索結果部分を指で下から上に上げると、いろいろな情報が出てきます。

すでにアルバムにある写真を検索する場合

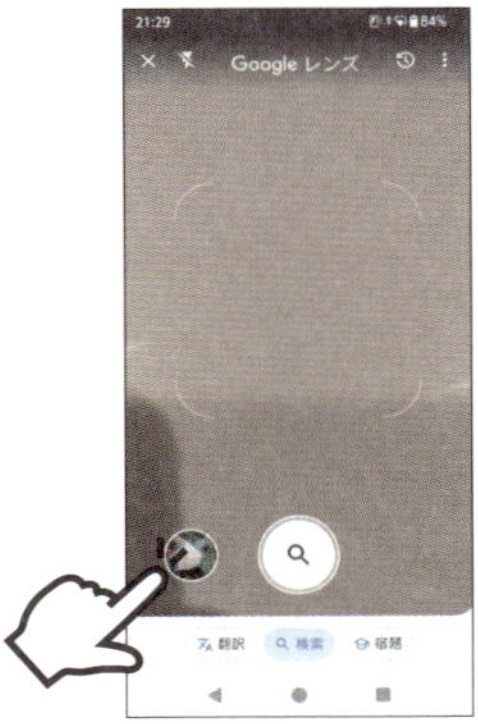

①左にある写真のマークをポン。初めて使う時は写真への「アクセスを許可」が出るので「すべて許可」をポン。

②名前を調べたい花の画像を選び、ポンと押します。

③Google レンズが花を認識したら、検索結果が出てきます。画面を下から上に上げると、いろいろな情報が出てきます。

Google レンズ
写真を撮って目の前にある外国語を翻訳

●韓国旅行のおみやげを日本語に訳したい

わからない外国語を手軽に日本語に翻訳できます。

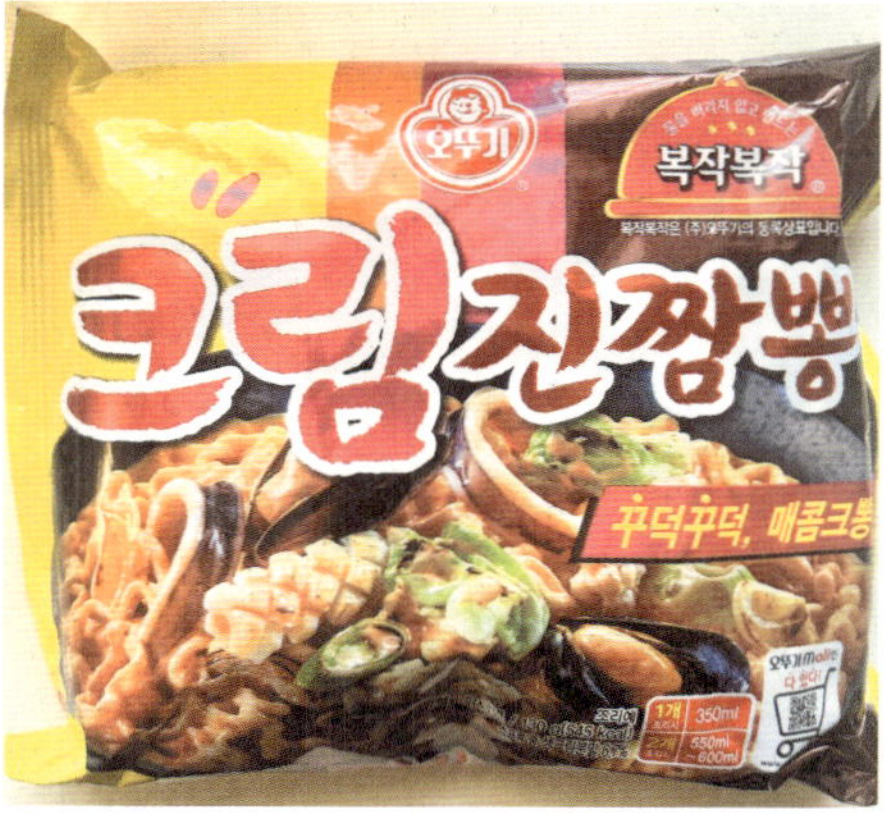

Google レンズの便利機能に翻訳機能があります。街中で見かける外国語のメニュー表や看板が読めなくても、この機能を使えばすぐに解決します。

①検索窓の右にあるカメラのマークをポンと押します。

②「カメラで検索」と出てきたら、「カメラマーク」をポンと押します。

③「翻訳」をポン。

④シャッターボタンのような「文A」マークをポンと押すと翻訳された日本語が出てきます。

⑤文字が小さくて読みにくい場合は、画面に指２本を当てて指を広げると画面が拡大されて読みやすくなります。

Googleレンズには、翻訳したい言葉にカメラをかざすだけで、すぐに日本語に翻訳してくれる機能がついています。この機能の大きな特徴は、何語かわからない言語でも、カメラをかざすだけで該当する言語を見つけて、日本語に変換してくれるところです。

英語、韓国語はもちろん、なじみのないアラビア語なども翻訳してくれます。

海外旅行で活躍するのはもちろんですが、輸入食品店にならぶ海外の食材の作り方や海外コスメの説明書など、日常生活でも大活躍してくれます。

Google検索
鼻歌を口ずさむだけで曲名が調べられる

①検索窓の右から２番目にあるマイクのマークをポンと押します。

②画面の下に出てきた「♪ 曲を検索」をポンと押します。

Google検索の音声検索はすぐれた音声認識能力を持っています。歌は思い出せるのに、曲名がどうしても思い出せなくてモヤモヤする。若いころに聴いたあの曲をもう一度聴きたい。そんな時は鼻歌で検索してみましょう。

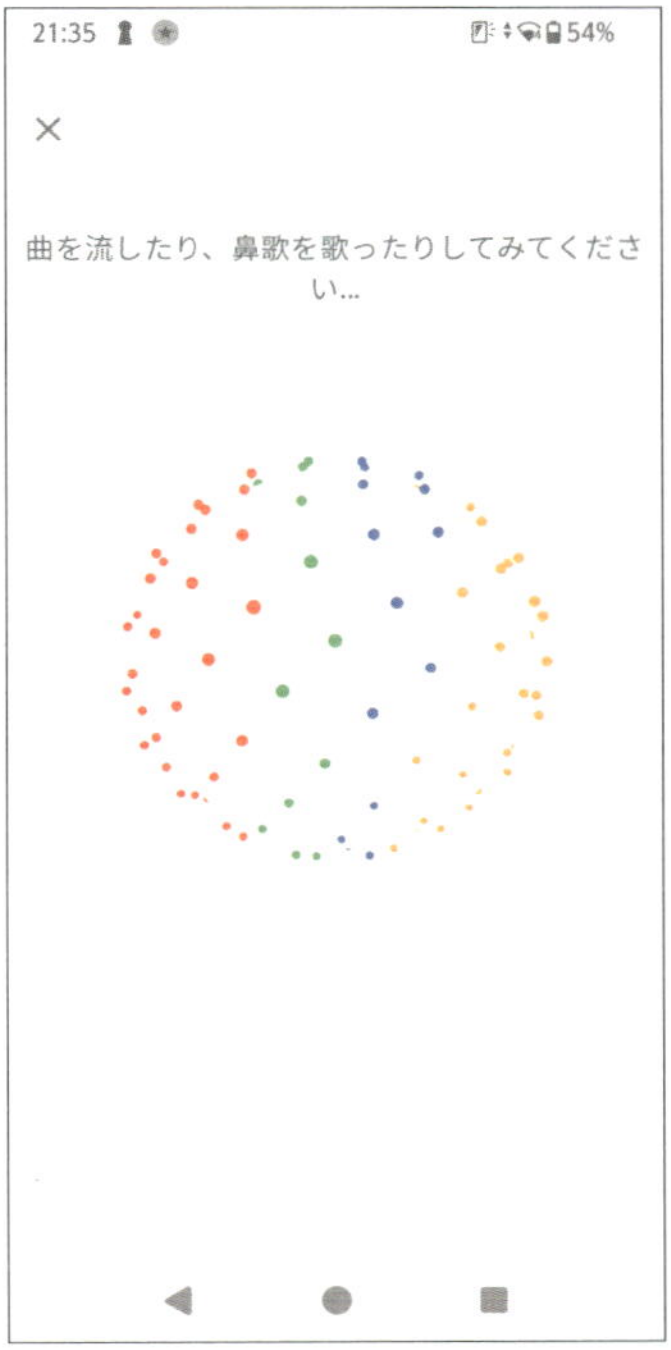

③調べたい歌を口ずさみます。ハミングでも OK です。

④音声から検索した曲名が出てきます。曲名・歌手名などを見つつ、探していた曲を見つけたらポンと押します。

⑤その曲に関するいろいろな情報が出てきます。例えば YouTube を押したら、YouTube アプリが開き、すぐに曲が聴けます。

QRコード検索
QRコード読み取るだけでかんたんに情報を入手

QRコードは、やり方がわからないと避けられがちですが、実は操作方法はとても簡単です。最近のスマホならカメラをかざして出てきたURLを押すだけで、見たいページへ飛んで行きます。ここではどんな機種でも確実にできるGoogleレンズでの方法をご紹介します。

①Google検索の窓右のカメラをポン。

②「カメラで検索」をポン。

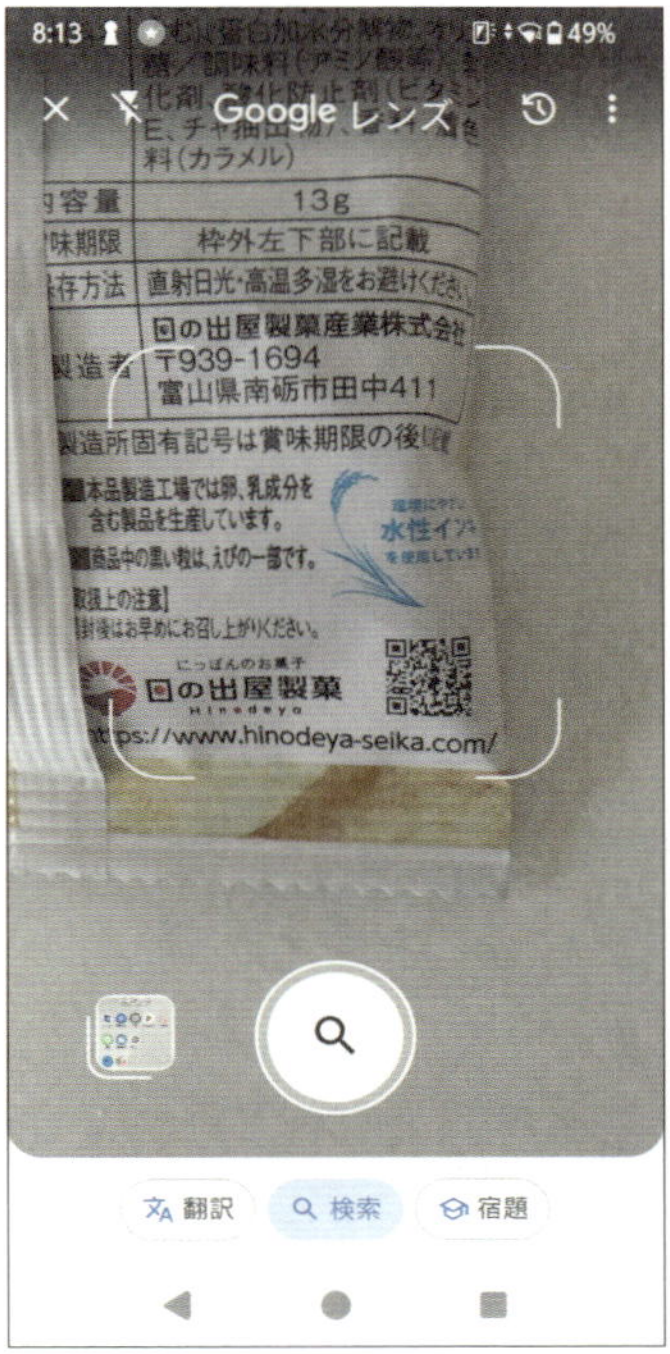

③読み込みたい QR コードにカメラをかざします。

④QR コードを読み取ったら自動的に URL が出てきます。それをポンと押します。

⑤ウェブサイトが開きます。Instagram などの SNS が開くこともあります。

ChatGPTを使えば情報はもっとカンタンに手に入ります

近年、生成AIアプリが次々に生まれています。情報を検索してまとめてくれるものやイラストを描いてくれるものなど様々ありますが、ここではChatGPTをご紹介します。

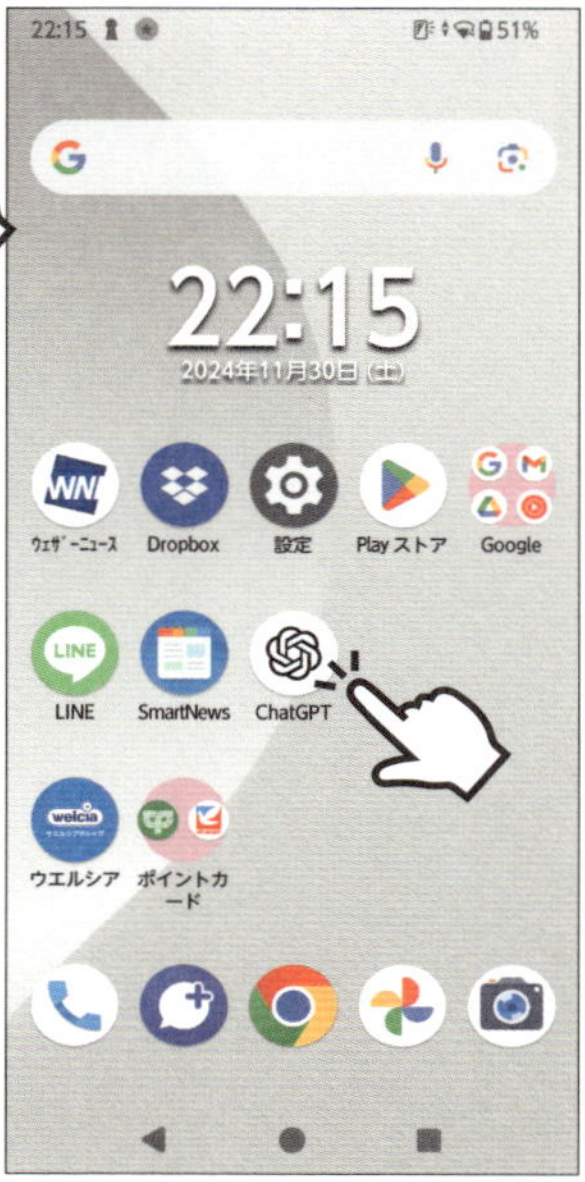

① ChatGPTのアプリをポンと押します。

② はじめて使う場合は、右上の「サインアップ」を押します。

ChatGPTアプリをインストールする

App Store もしくは Play ストアからアプリをインストールします。ChatGPTには様々なアプリがありますが、まずは歯車に似たマークのアプリがおすすめです。

21:52
Google で続行
サインアップ
ログイン

③「Googleで続行」を押して、名前や生年月日などの情報を入力していきます。

22:06
Plus を入手する
お手伝いできることはありますか？
画像を作成する
ライティング支援
詳細
京都旅行の計画を立てるください。

④検索窓を押してから、調べたいことをキーボード入力します。終わったら、検索窓の右にある「↑」を押します。

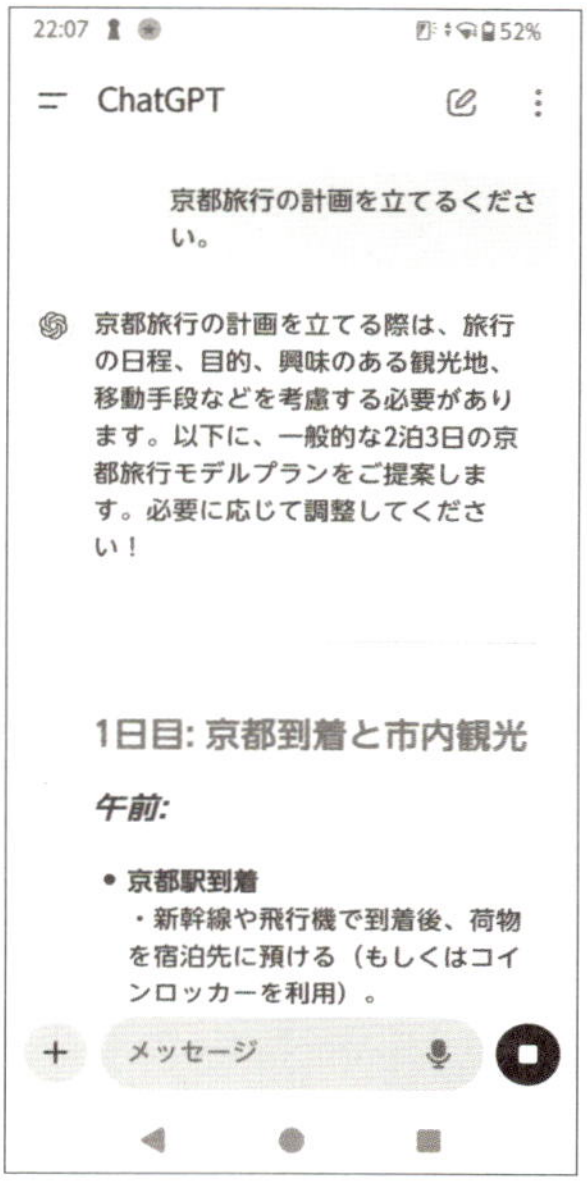
22:07
ChatGPT
京都旅行の計画を立てるください。
京都旅行の計画を立てる際は、旅行の日程、目的、興味のある観光地、移動手段などを考慮する必要があります。以下に、一般的な2泊3日の京都旅行モデルプランをご提案します。必要に応じて調整してください！
1日目: 京都到着と市内観光
午前:
・京都駅到着
・新幹線や飛行機で到着後、荷物を宿泊先に預ける（もしくはコインロッカーを利用）。
メッセージ

⑤ChatGPTがネット上で情報収集してまとめてくれた回答が出てきます。

ChatGPTは、私たちに代わって、最適だと思う回答を提案してくれます。さらに、繰り返し質問することで回答がよりよいものになっていき、本当に欲しい情報にたどりつくことができます。まるで物知りな友人と会話しているようです。

ChatGPTを利用するための注意点

・個人情報や機密情報を入れない
・シンプルな質問をする
・回答をすべて信じない

覚えると便利

単語登録をしておこう

よく使う言葉や変換が面倒な言葉は、単語登録しましょう。最初の１文字を入力するだけで言葉が出てきます。

iPhone

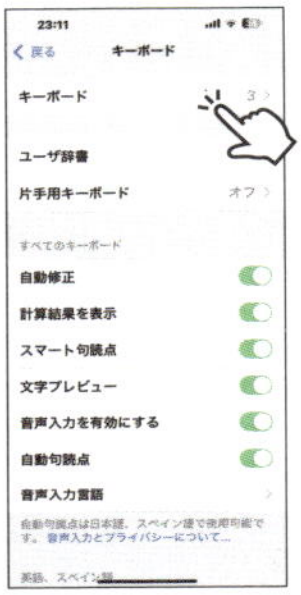

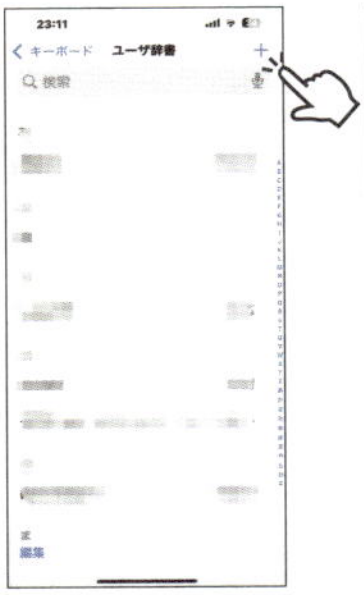

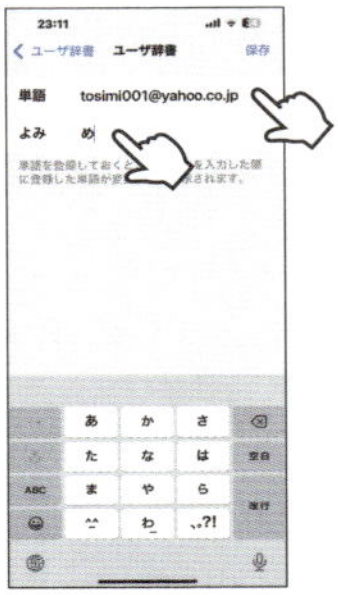

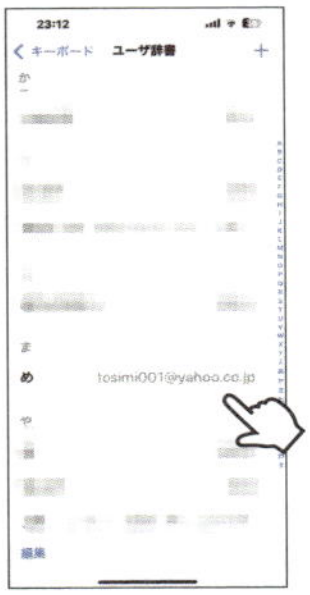

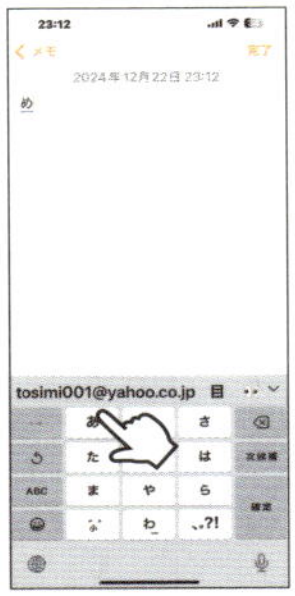

①まずは、「設定」を開きます。次に「一般」を押し、「キーボード」を探して押します。

②「ユーザ辞書」を押します。次に、画面右上の「+」を押します。

③「自分のメールアドレス」と読み方に「め」を入力したら、右上の「保存」を押します。

④ユーザ辞書に「め」と「自分のメールアドレス」が登録されました。

⑤「め」と入力するだけで、自分のメールアドレスが表示されるようになりました。

Android

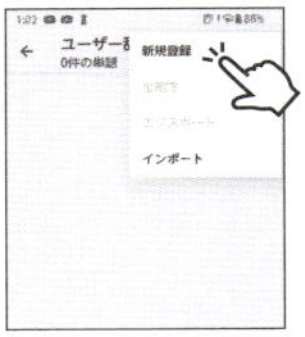

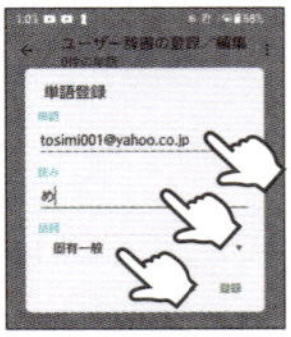

①「設定」を開き、次に「Super ATOK UL TIAS」を押し、「ユーティリティーキーボード」を押し、「ユーザー辞書の登録／編集」を押します。

②「新規登録」を押します。

③単語に「自分のメールアドレス」と読みに「め」を入力して、品詞で「固定一般」を選んだら、「登録」を押します。

④ユーザー辞書に「め」と「自分のメールアドレス」が登録されました。

⑤「め」と入力するだけで、自分のメールアドレスが表示されるようになりました。

〈注〉機種によりやり方は異なります

第3章

カメラ

- 気軽に写真やビデオを撮ろう
- メモやルーペ替わりにカメラを使おう

iPhoneで写真とビデオを撮る

日々の記録やちょっとしたメモ代わりに写真を撮ったり、おでかけした記念に写真を撮ったり。スマホの楽しさを倍増してくれるカメラの基本をマスターしましょう。

写真の場合

① カメラのマークをポンと押します。

② 撮りたいものにカメラをかざしたら、シャッターボタンを押します。「カシャ」と音が鳴り、写真が撮れます。

ビデオの場合

① カメラのマークをポンと押します。

② メニューから「ビデオ」を選び、録画ボタンを押します。「ピコン」と音が鳴り、録画がスタートします。

撮った写真を確認する

シャッターボタンの左にある四角の画像をポンと押すと、直前に撮った写真を確認できます。

インカメラ(自撮り)の方法

①シャッターボタンの右にある回転マークをポンと押すと、内側についているカメラに切り替わります。

②シャッターボタンをポンと押します。すると「カシャ」と音が鳴り、写真が撮れます。

撮ったビデオを確認する

①録画ボタンの左にある、小さな四角の画像をポンと押します。

②直前に撮ったビデオが流れます。停止ボタンを押さないと、繰り返し動画が流れます。

③録画中は画面上にタイムコードが出ます。再び赤いボタンを押したら、「ピコン」と音が鳴り、録画が終了します。

Androidで写真とビデオを撮る

iPhoneとAndroidとで、カメラ機能に大きな違いはありません。ただし、機種によってシャッターボタン以外のボタンの場所が多少異なるので注意しましょう。

写真の場合

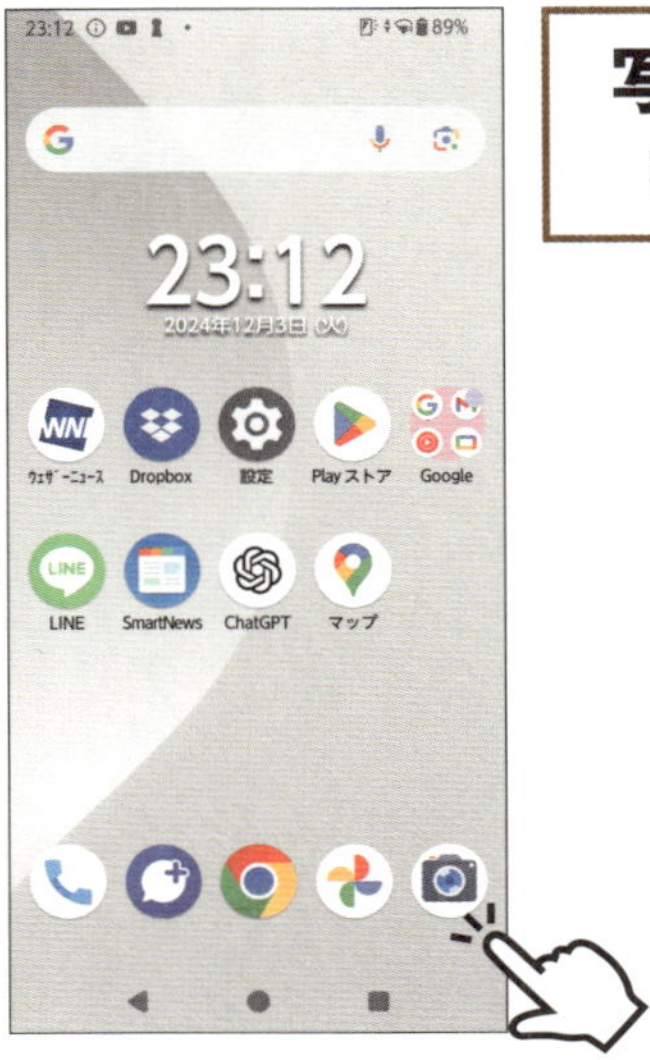

①カメラのマークをポンと押します。

②真ん中にある丸いシャッターボタンをポンと押します。

ビデオの場合

①カメラのマークをポンと押します。

②モードを「ビデオ」にします。赤い丸の録画ボタンを押したら、録画がスタートします。

撮った写真を確認する

シャッターボタンの右にある四角の画像をポンと押すと、直前に撮った写真を確認できます。

インカメラ（自撮り）の方法

① シャッターボタンの左にある回転マークをポンと押すと、内側についているカメラに切り替わります。

② シャッターボタンをポンと押すと写真が撮れます。インカメラは鏡代わりにもなるので便利。

③ 録画中は画面の左上にタイムコードが現れます。再び赤いボタンを押したら録画が終了します。

撮ったビデオを確認する

① シャッターボタンの右にある四角の写真をポンと押します。

② 真ん中の再生ボタンを押すと、直前に撮ったビデオが流れます。

撮った写真をルーペのように指で引き伸ばす

●小さい文字や読みづらい文字もらくらく読めちゃう

スマホのカメラには、画像を拡大する機能がついています。市販薬の説明書など、小さい文字を読みたい時などに便利です。

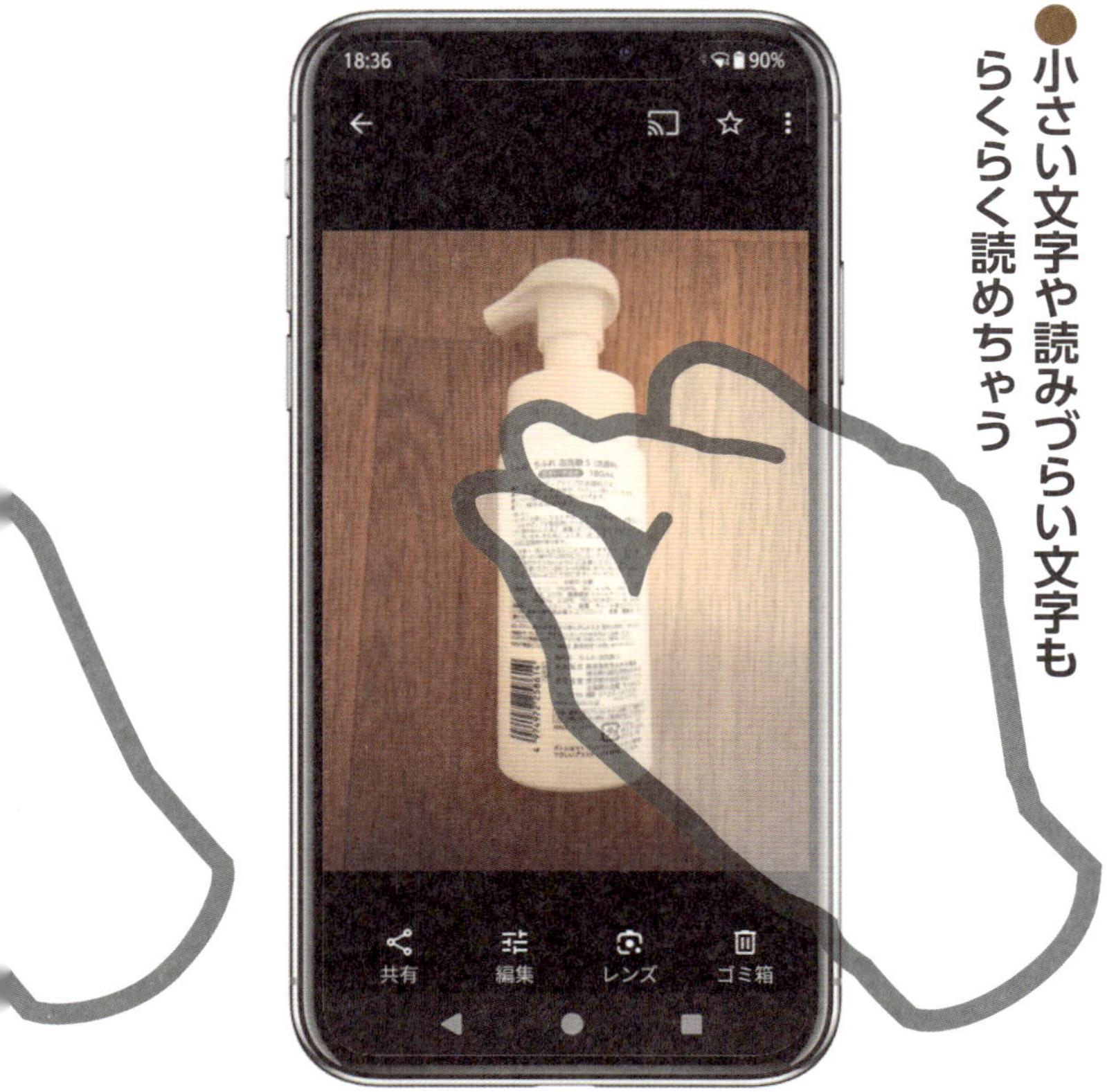

①化粧品や食品のパッケージにある作り方など、小さくて読みにくい文字が書かれているものを撮影します。

②読みたい文字が書かれている部分に２本の指を当てて、指を広げます。

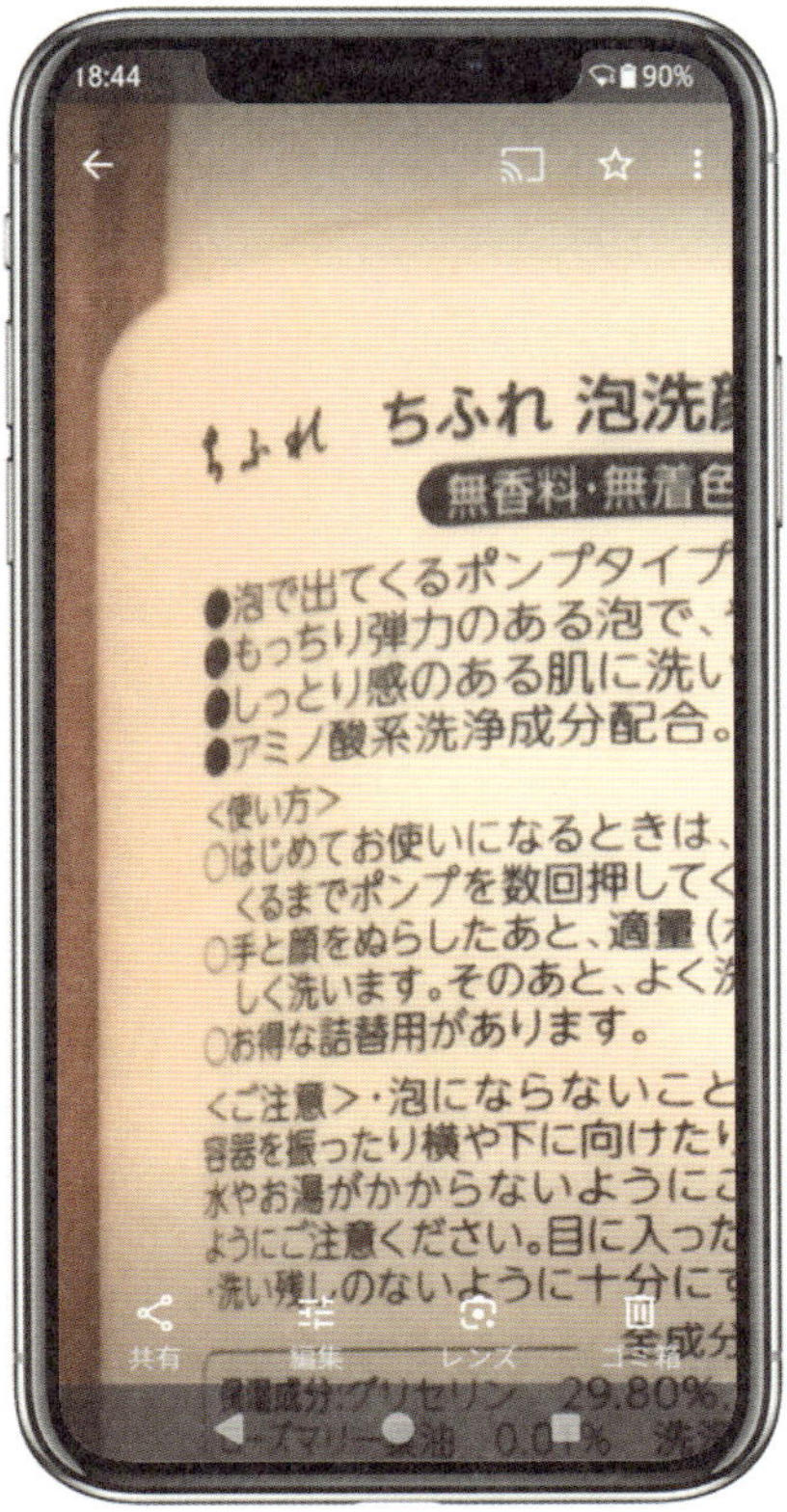

③写真が拡大されて、小さくて読みにくかった文字が大きく表示されます。

年を重ねると老眼がはじまり、小さな文字が見えにくくなります。そんな時はスマホのカメラで解決しましょう。

小さな文字が書かれた商品の裏面を写真に撮れば、指2本で自由に見やすいサイズに拡大できます。

スマホには拡大鏡といった専用アプリが入っていますが、カメラで撮って拡大する方が簡単で便利です。

書くよりカンタン カメラをメモ代わりに使う

スマホのカメラは写真の拡大以外に、「メモにとっておいたら後で便利だけど、面倒くさい」という問題も解決できます。

「写真は、撮るのも撮られるのも好きじゃない」という理由で、カメラを使わないシニアの方もいます。どの機能をどう使うのはそれぞれの自由ですが、メモ代わりとしても使えることは知っていますか。

例えば、通ってる病院の休診日や診察時間、よく利用する電車やバスの時刻表、スーパーのセール情報など、特別重要ではないけれど、どこかにメモをして残しておきたい情報は意外とたくさんあります。その度に紙とえんぴつを用意して書くのは、正直なところ面倒くさいですよね。

しかし、カメラで撮ってスマホに残していたら、メモをする手間も省けますし、いつでも見返すことができるのでとても便利です。掃除機の紙パックなどの消耗品が切れてしまった時も、型番を撮ってお店に行けば、すぐに見つけられます。

とっさに覚えられない日付・日時や商品名など メモ代わりに写真を撮っておくと、すごく便利 例えば……

電車やバスの時刻表

医療機関の休診日・診察時間

読みたいなと思った本の広告

店頭に貼られたセールの日

普段利用するお店の臨時休業日

写真を整理する
アルバムの作成

どの写真がどこにあるのかがわからなくなった時は、アルバムを作成しましょう。アルバムの作り方はいろいろありますが、出来上がりはどれも同じです。

iPhone

①写真をポンと押し、画面を下から上へ上げていくと「アルバム」という項目が出てきます。これを押します。

②左上にある「作成」を押し、「新規アルバム」を押します。

Android

①フォトをポンと押し、画面下のメニューで「フォト」を選びます。次に、画面上にある「＋」を押します。

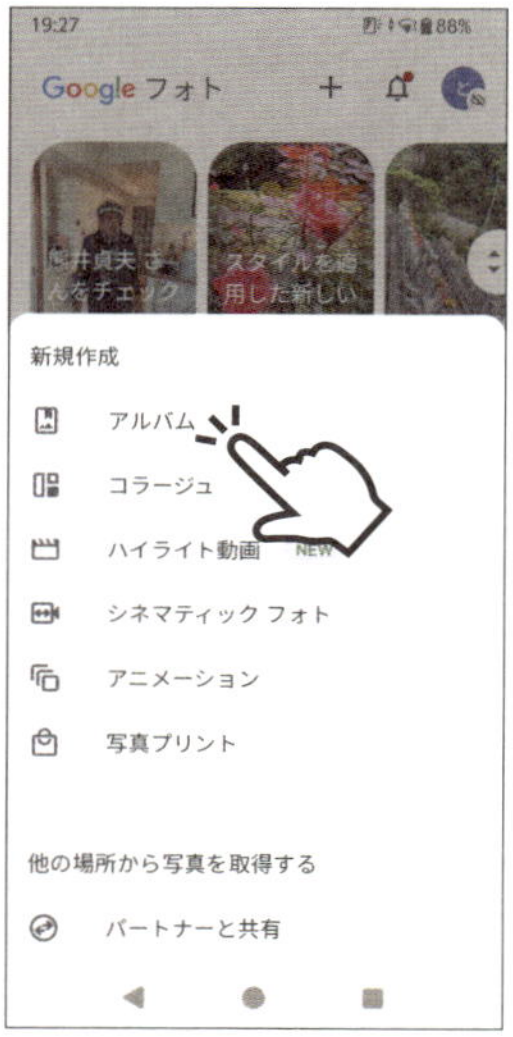

②「新規作成」のメニューの中から「アルバム」をポンと押します。

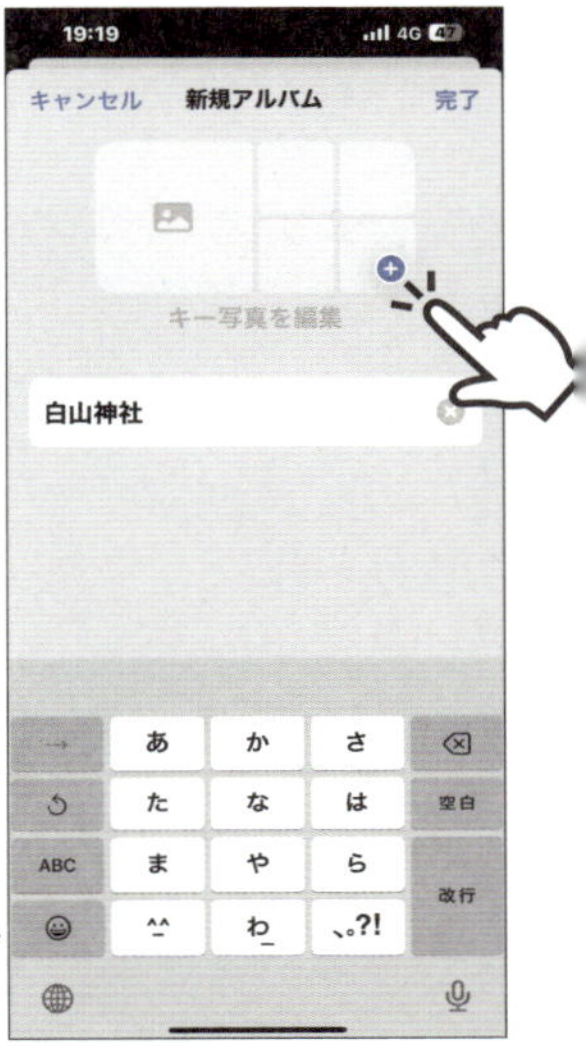

③アルバム作成画面になったら、アルバムの名前を入力します。次に「+」を押します。

④アルバムにまとめたい写真を選んでポンと押します。選び終わったら、右上の「追加」を押します。

⑤右上の「完了」を押したら、アルバムが完成します。

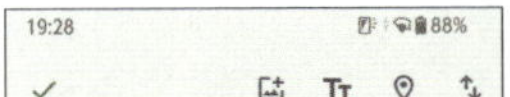

③「タイトルを追加」の部分を押して、アルバムの名前を入力します。次に「写真の選択」を押します。

④アルバムにまとめたい写真を選んでいきます。選び終わったら、右上の「追加」を押します。

⑤アルバムが完成します。

写真を整理する
写真の削除

似ている写真や、もう見ない写真がある場合は削除して整理しましょう。削除には、1枚ずつ削除する方法と複数枚を一度に削除する方法の2つがあります。

iPhone

●1枚のみ削除する場合

①削除したい画像を開き、右下のゴミ箱のマークをポンと押します。

②確認メッセージにある「写真を削除」を押します。これで写真は削除されました。

Android

●1枚のみ削除する場合

①削除したい画像を開き、右下のゴミ箱のマークをポンと押します。

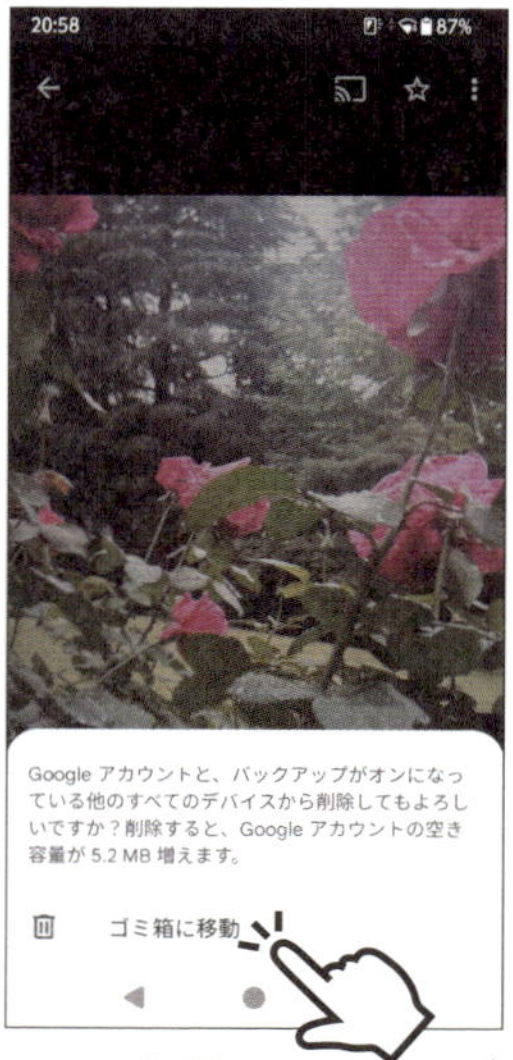

②確認メッセージにある「ゴミ箱に移動」を押します。これで写真は削除されました。

複数枚を削除する場合

①写真の一覧を開き、右上の「選択」を押します。

②削除したい写真を次々にポンポンと押していきます。選び終わったら右下のゴミ箱のマークを押します。

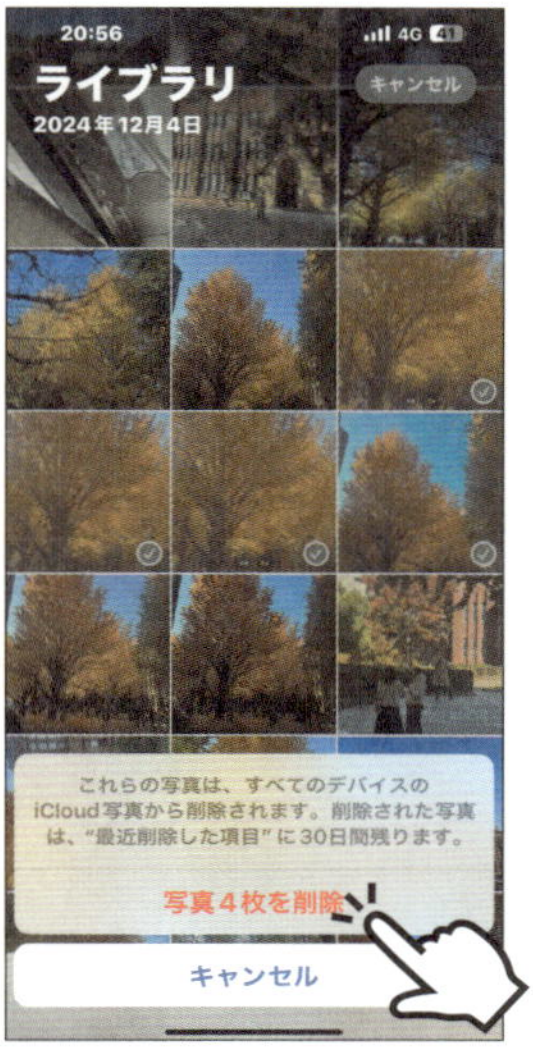

③確認メッセージにある「写真○枚を削除」を押します。これで写真は削除されました。

複数枚を削除する場合

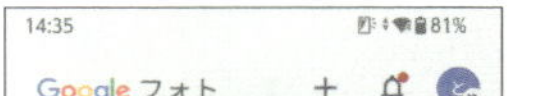

①写真の一覧を開き、削除したい画像を1枚選び2秒ほど長押しします。

②削除したい写真を次々に押していきます。選び終わったら画面下にあるゴミ箱のマークを押します。

③確認メッセージにある「ゴミ箱に移動（○個）」を押します。これで写真は削除されました。

写真の復元

一度、削除した写真は30日間のみデータが残っているため、その間であれば復元することができます。復元には、1枚ずつと複数枚を一度に復元する2つがあります。

iPhone

●1枚のみ復元する場合

①写真を開いたら、画面を下から上に上げていきます。

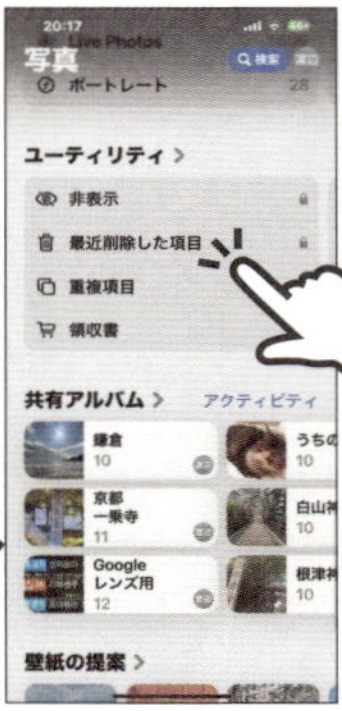

②「最近削除した項目」が出てきたら、ポンと押します。

③鍵がかかっているので、「アルバムを表示」を押し、タッチIDやフェイスIDで解除します。

④ゴミ箱の中身が出てくるので、復元したい画像を選んでポンと押します。

Android

●1枚のみ復元する場合

①フォトを開き、画面下のメニューの「コレクション」をポンと押します。

②ゴミ箱を押したら、「直近30日以内」に削除した画像の一覧が出てきます。

③復元したい画像を選んだら、画面下にメニューが出てきます。「復元」を選びます。

●複数枚を復元する場合

① 右上にある「選択」をポンと押します。

③ 復元させたい画像をポンポンと押していきます。選び終わったら、右下の「…」を押します。

③ 「復元」を押します。これで画像が復元されました。

⑤ 右下の「復元」を押します。これで画像が復元されました。

●複数枚を復元する場合

① 復元したい画像の中から一枚の画像を２秒ほど長押しします。

② ほかの画像も選択できるようになるので、復元したい画像をポンポンと押していき、右下の「復元」を押します。

③ 「ファイルを復元しますか？」という確認メッセージが出てくるので、「復元」を押します。

覚えると便利

コピペの方法を覚えよう

スマホには自分で入力した言葉やホームページにある言葉をコピーして貼りつける機能がついています。

iPhone

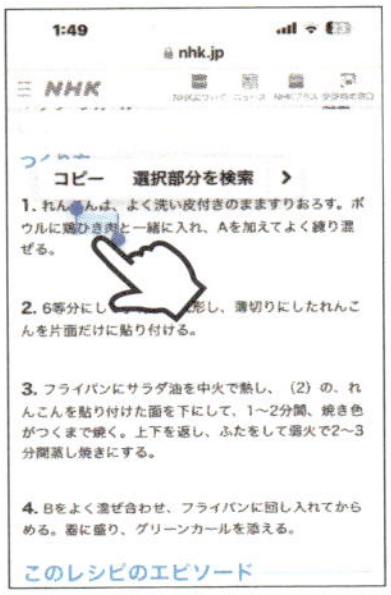

1:49
nhk.jp
NHK
コピー　選択部分を検索
このレシピのエピソード

①コピーしたい言葉や文章の文字を2秒ほど長押しします。すると、青いマーカーが付きます。

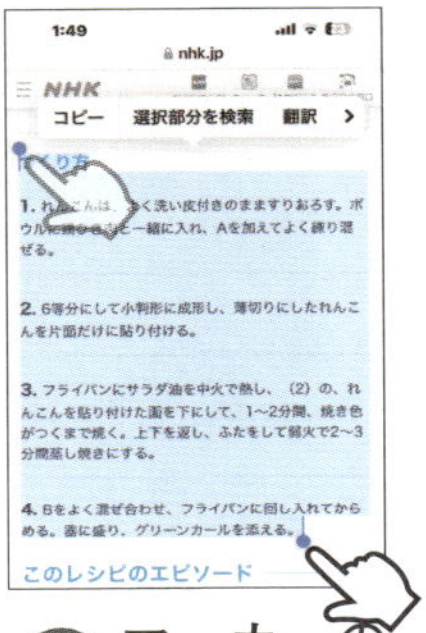

1:49
nhk.jp
NHK
コピー　選択部分を検索　翻訳
このレシピのエピソード

②マーカーのはじまりと終わり部分を押しながら動かして、コピーしたい部分を囲い、「コピー」を押します。

1:49
フォルダ
完了
ペースト　自動入力
あ　か　さ

③「メモ」などを開き、画面をズーッと長押しして「ペースト」を押します。

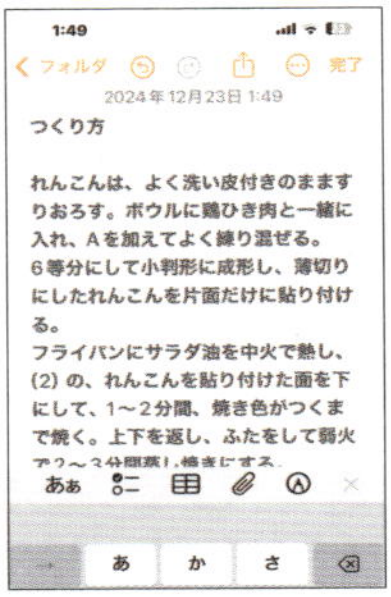

1:49
フォルダ
完了
2024年12月23日 1:49
つくり方
れんこんは、よく洗い皮付きのまますりおろす。ボウルに鶏ひき肉と一緒に入れ、Aを加えてよく練り混ぜる。
6等分にして小判形に成形し、薄切りにしたれんこんを片面だけに貼り付ける。
フライパンにサラダ油を中火で熱し、(2)の、れんこんを貼り付けた面を下にして、1～2分間、焼き色がつくまで焼く。上下を返し、ふたをして弱火

④これで、コピーした言葉や文章の貼りつけができました。

Android

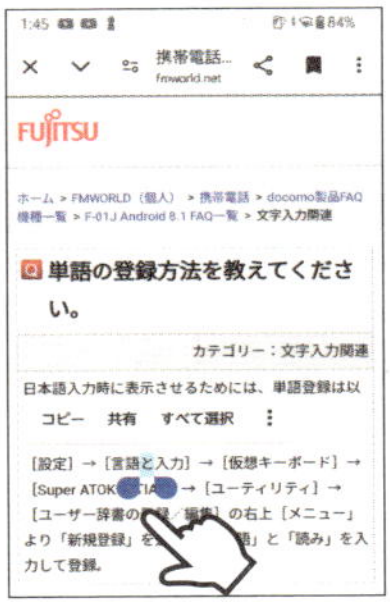

携帯電話…
FUJITSU
単語の登録方法を教えてください。
カテゴリー：文字入力関連
コピー　共有　すべて選択

①コピーしたい言葉や文章の文字を2秒ほど長押しします。すると、青いマーカーがつきます。

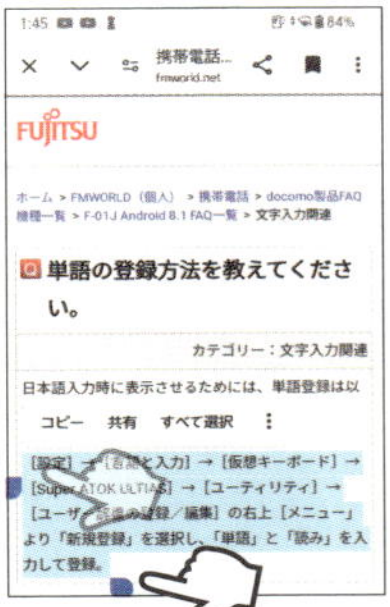

携帯電話…
FUJITSU
単語の登録方法を教えてください。
カテゴリー：文字入力関連
コピー　共有　すべて選択

②マーカーのはじまりと終わり部分を押しながら動かして、コピーしたい部分を囲い、「コピー」を押します。

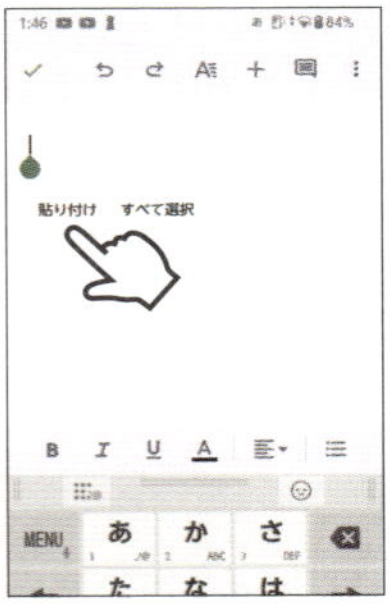

貼り付け　すべて選択

③「メモ」などを開き、画面を長押ししてから「貼り付け」を押します。

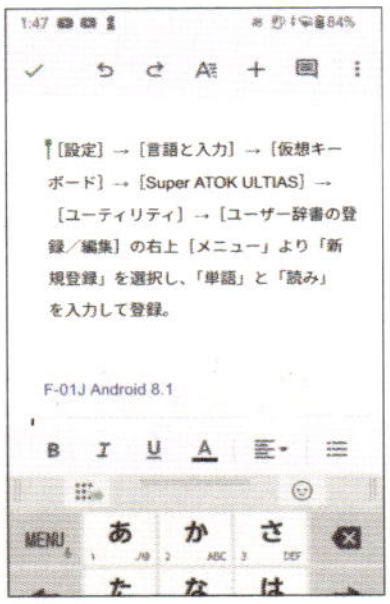

[設定]→[言語と入力]→[仮想キーボード]→[Super ATOK ULTIAS]→[ユーティリティ]→[ユーザー辞書の登録／編集]の右上[メニュー]より「新規登録」を選択し、「単語」と「読み」を入力して登録。
F-01J Android 8.1

④これで、コピーしたい言葉や文章の貼りつけができました。

第4章 地図

・今いる場所がわかる
・近くのランチはどんなお店がある？

〈注〉この章では基本、Androidを使用しています

Googleマップ 今いるところを 地図で探してみる

地図アプリのGoogleマップは、お出かけが楽しくなるアプリです。現在地に戻る方法がわかれば、初めておとずれる場所でも迷子になる心配はありません。

①ピンのような形をした「マップ」のマークをポンと押します。

②地図が開いたら、人差し指を使って、画面を上下左右に動かしてみましょう。

iPhone の場合
Google マップをインストールする

Android には最初から Google マップのアプリが入っています。ホーム画面にない場合は、Google アプリをまとめたフォルダの中を見てみましょう。iPhone の場合はインストールしましょう。

③場所を見つけたら、画面に2本指を当ててから指を広げます。すると、詳しい地図になります。

④画面に当てている2本指をきゅっと狭めると、広範囲の地図になります。

⑤方位磁石のようなマークを押すと、現在地の地図が現れます。青く塗りつぶされた●が現在地です。

Googleマップは世界中の地図を網羅しているので、自由にどの場所の地図も見られます。また、現在地がすぐにわかる便利な機能もついているので、初めて行く場所でも迷子になりません。

現在地に戻るマークは、Androidでは方位磁石のようなマークで、iPhoneでは飛行機のようなマークです。

iPhoneの場合

iPhoneでは方位磁石ではなく、飛行機のようなマークが表示されます。

Googleマップ 行ってみたい観光地を調べてみよう

Googleマップでは、ガイドブックにある基本的な情報も十分に調べられます。そのため、普段のちょっとした外出だけでなく、旅行の時などにも役立ちます。

①検索窓にマイクかキーボードを使って、行きたい観光地「東京スカイツリー」を入力します。

②画面下半分に行きたい観光地の情報が出てきます。情報部分に指を当てて上に引っ張ります。

Googleマップは、グルメ雑誌・旅行雑誌・時刻表などの情報が、ひとつになっているようなアプリです。

観光地の名前を入れるだけで、住所や営業日時などの基本情報がパパっと調べられます。下調べの時間がかなり短縮され、とても便利です。周辺にあるお店情報も一緒に調べると、観光がさらに楽しみになります。

周辺のお店を検索

①周辺にあるお店を調べるため、検索窓に「ランチ　和食」と入力すます。すると、条件に合ったお店が出てきます。

②気になるお店を選んでポンと押すと、お店の情報が出てきます。

③全画面に情報が出てきます。当てた指を上に上げて、さらに画面を上にズラしていきます。

④住所や営業時間などの情報が出てきます。項目の右側にある「⌄」をポンと押します。

⑤さらに細かい情報が出てきます。

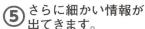

Googleマップ 目的地まではどうやって行ける？

Googleマップの経路検索機能を使えば、目的地までの行き方をすぐに調べられます。徒歩や公共交通機関に車といった交通手段別でも選べるので、とても便利です。

①画面の右下にある右向きの矢印のマークをポンと押します。

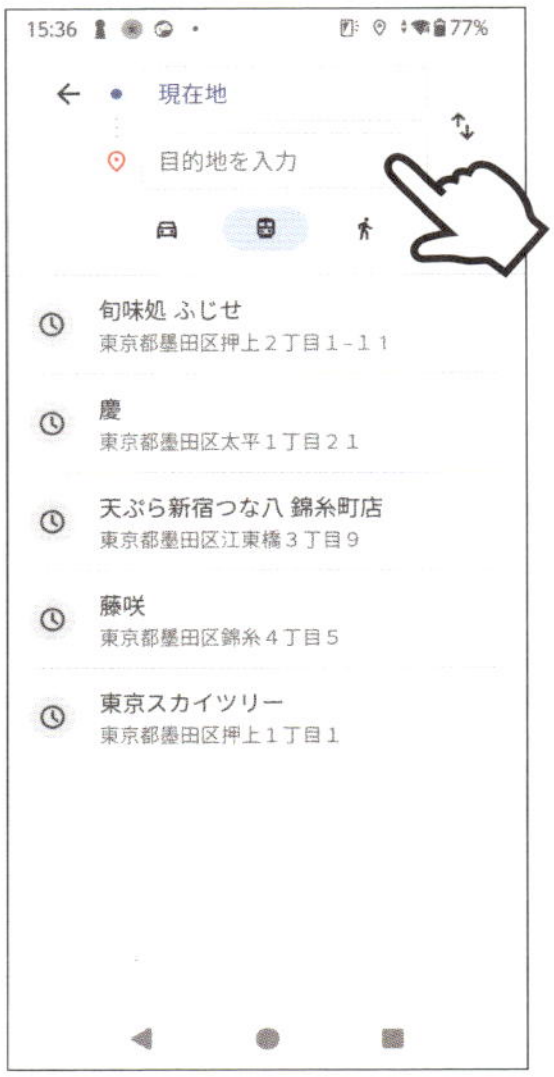

②現在地から目的地までの行き方を調べるページが出ます。目的地を入力します。

③交通手段が出てきます。電車・地下鉄・バスで行く場合は電車のマークを押します。

④公共交通機関を使った様々なルートが現れます。画面を下から上に上げて、ルートを選びます。

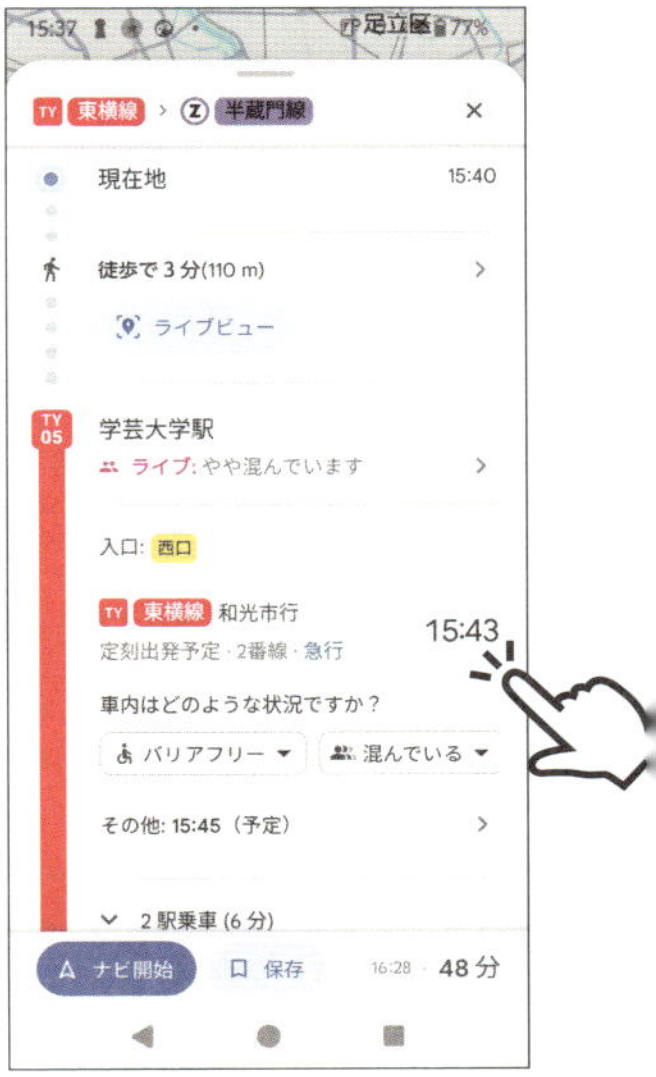

⑤ルートを選ぶと、乗り換え駅や乗換時間などの情報が現れます。右側の発車時刻を押します。

⑥前後の時刻表が現れます。バスの場合は、遅延情報も出ます。

ライブビューのやり方

①場所によっては徒歩ルートで、「ライブビュー」の機能が使えます。

②「周辺の店舗の外観や看板にカメラを～」と表示されるので、カメラに周辺の風景をかざします。

③現在地が判明したら、カメラ越しの道の上に矢印が現れて、目的地までの行き方を教えてくれます。

Googleマップ 世界旅行を楽しむ

「行ってみたい場所」どこにでもひとっ飛び！

①ピンのような形をしているマップのマークをポンと押します。

②検索窓に行きたい場所の名前や住所を入力します。情報が出てきたら、画面を引き上げます。

国内だけではなく、行ってみたい国や世界的に有名な観光地にも、パパっとアクセスが可能。世界中の地図を見ることで、世界旅行をしている気分になれます。

Googleマップには世界中の地図が入っているので、いつでもすぐに行きたい国の地図が見られます。観光地の情報を見るだけでなく、キレイな写真をながめることで、まるでその国を旅行している気分になれます。

Googleマップになれてきた人は、その国を実際に歩いている気分になれるストリートビューを使って、疑似世界旅行を味わうのもおすすめです。

ストリートビューのやり方

①行きたい観光地の地図を開いた状態で、画面中心の左下にある囲み写真をポンと押します。

②画面が地図からストリートビューに切り替わります。白い矢印を押せば、その方向に進みます。

③「概要」や「チケット」が並ぶメニュー部分に指を当てて、右から左に動かします。

④メニューに「写真」という項目が出てきたら、ポンと押します。

⑤観光客が撮った写真や動画が出てきます。気になる写真を押したら、大きな写真で見られます。

ショートメール（SNS）に不意に届く金融機関や宅配業者を装った詐欺メールに気をつけよう

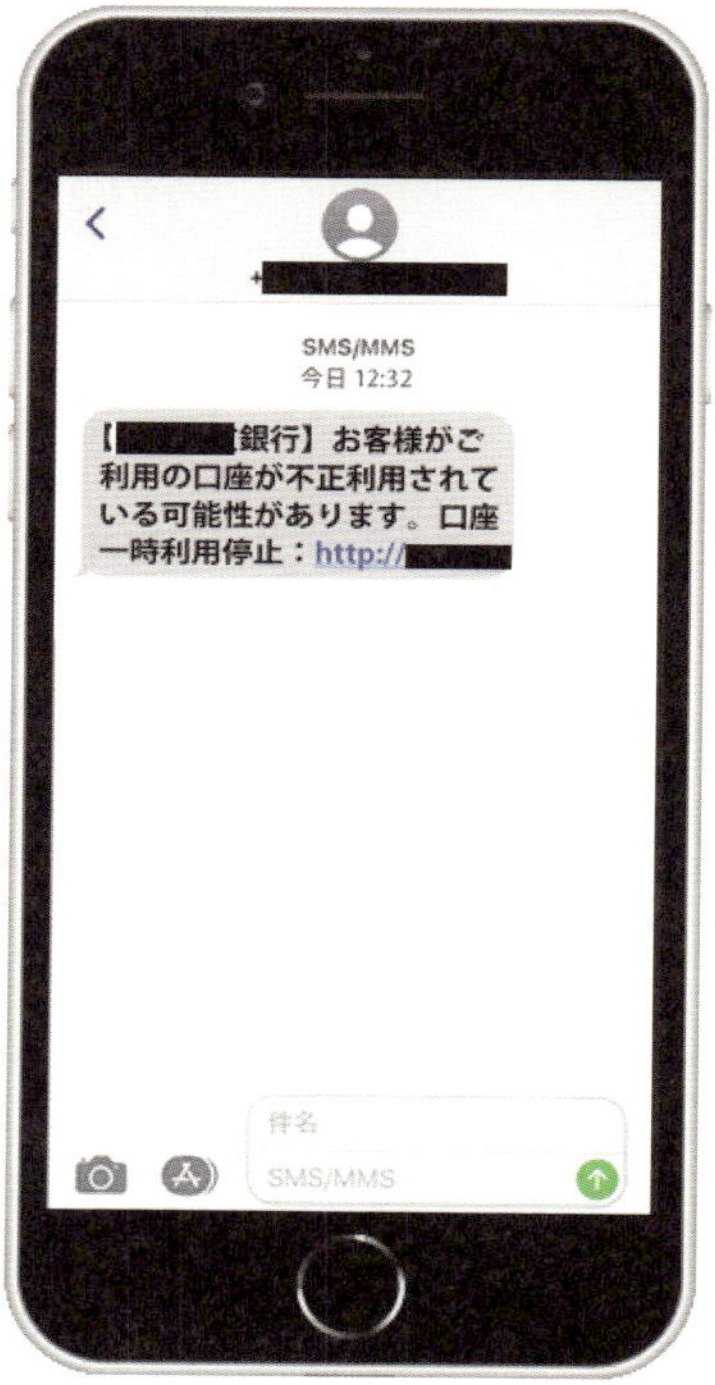
+[redacted]
SMS/MMS
今日 12:32
【[redacted]銀行】お客様がご利用の口座が不正利用されている可能性があります。口座一時利用停止：http://[redacted]
件名
SMS/MMS

ショートメールに金融機関や宅配業者の名前を偽った詐欺メールが突然届くことがあります。被害にあわないように気をつけましょう。

詐欺メールです！　青いリンクを押すとウイルスに感染したり、情報が抜き取られることがあります。

1
Messages

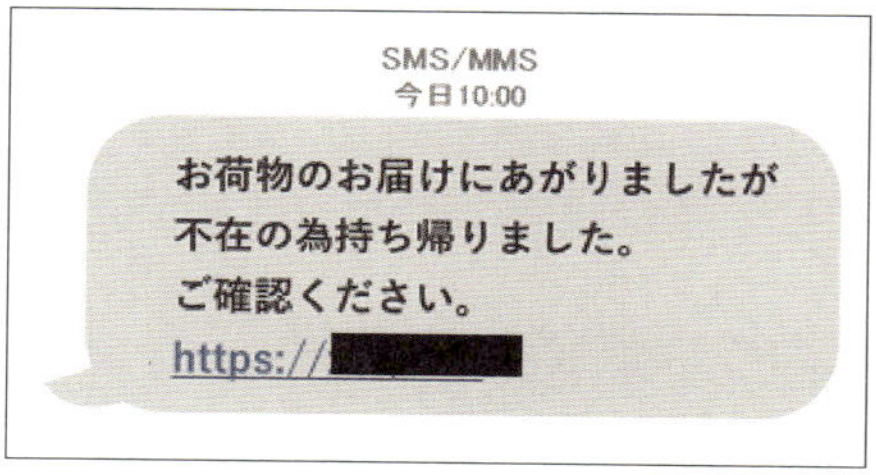
SMS/MMS
今日10:00
お荷物のお届けにあがりましたが
不在の為持ち帰りました。
ご確認ください。
https://[redacted]

不在の場合、宅配業者がショートメールで知らせることはありません。詐欺メールです！

普段利用する金融機関や宅配業者の名前で突然SMSが届くことがあります。詐欺の可能性が高いので、メールにある青いリンク（https://～）は絶対に押さないで！　別の方法で公式サイトやアプリを開いて、同じお知らせが届いているか、送信元の電話番号が公式SNSの電話番号と同じかを調べましょう。該当しなければ詐欺なので、メールを削除しても問題ありません。

第5章 LINE

・メールするのは面倒だし、電話するほどでもない時に！

・実は電話（音声通話）もできちゃう

LINE 離れている人と友だちになる

連絡アプリのLINEを使えば、遠く離れている人とでもかんたんにやり取りができます。まずは友だちになる方法を紹介します。

●自分が招待する場合

①吹き出しのような形をしているLINEをポンと押します。

②画面左下にある「ホーム」を押します。次に右上にある人のマークを押します。

●自分が招待される場合

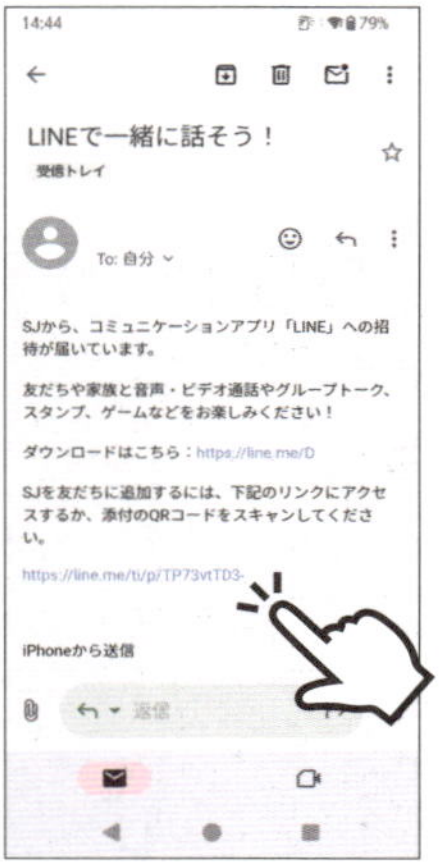

①招待メールが送られてきたら、本文内にあるURLをポンと押します。

②招待メールを送って来た人の画面が開きます。左にある「追加」を押します。

③トーク画面でメッセージやスタンプを押します。すると、相手に友だち追加したことが伝わります。

③左上にある「招待」をポンと押します。

④招待方法が出てきたら、「メールアドレス」を押します。

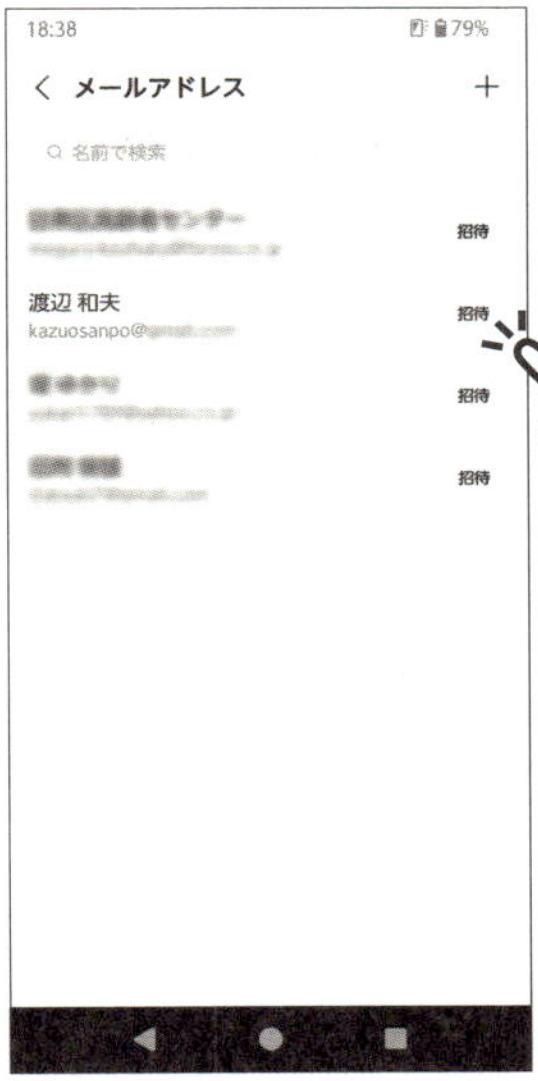

⑤電話帳のメールアドレスの一覧が出ます。友だちになりたい人の右側にある「招待」を押します。

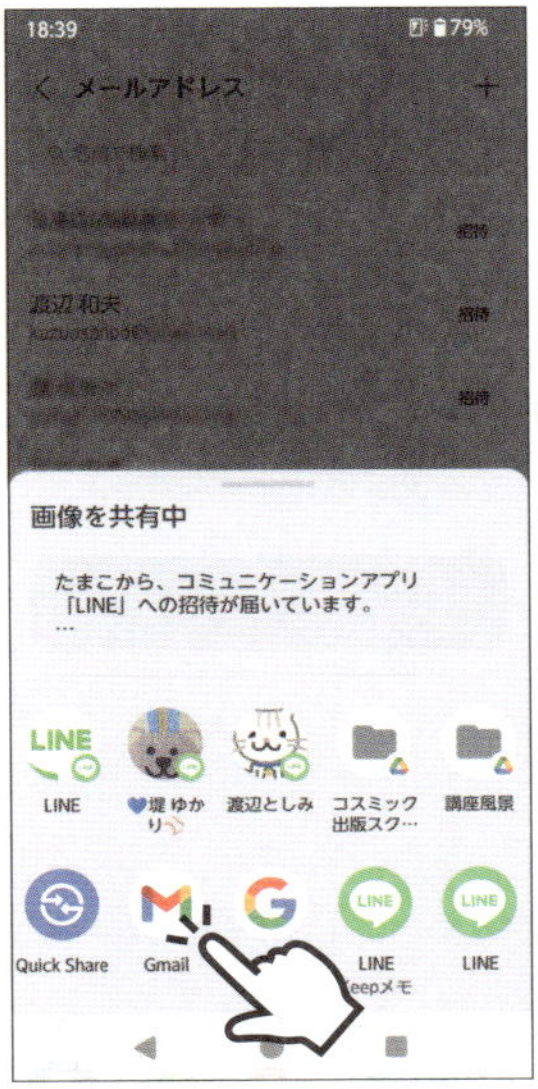

⑥招待メールを送るアプリを選ぶ画面になるので、「Gmail」を押します。
(iPhoneではこのステップはなし)

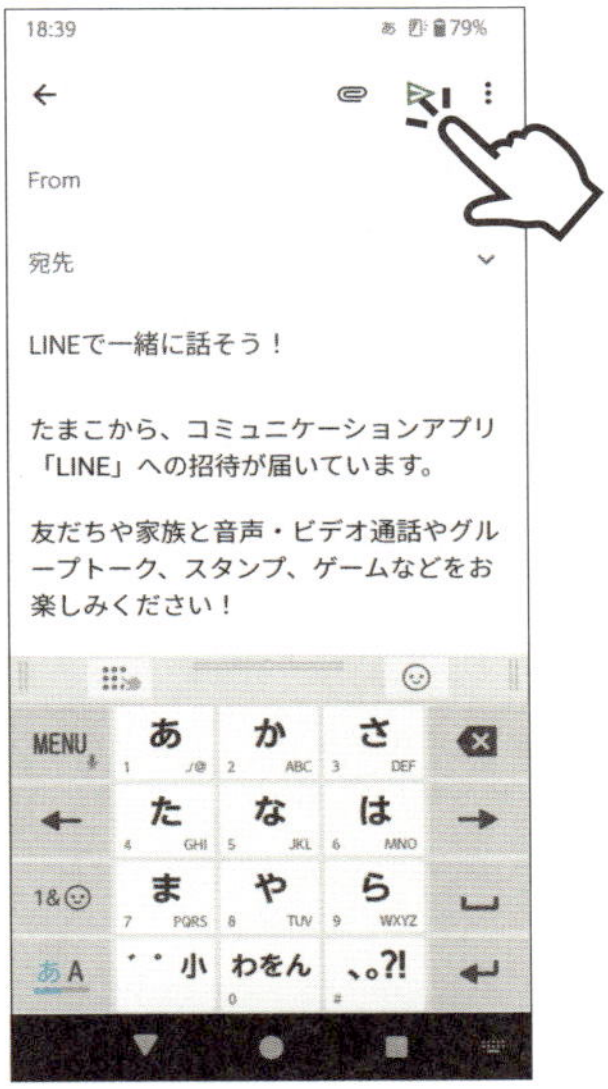

⑦自動的にメールが立ち上がるので、そのまま送信します。

⑧相手からメッセージやスタンプが来たら、「追加」を押して、友だちリストに追加します。

LINE 隣の人と友だちになる

新しく知り合った人と友だちになるには、お互いにQRコードを読み込み合います。自分のQRコードを読んでもらう方法、相手のQRコードを読み込む方法を紹介します。

●自分のQRコードを隣の人に読み込んでもらう

①LINEのホーム画面を開き、画面上にある人のマークをポンと押します。

②画面上の真ん中にある「QRコード」をポンと押します。

●隣の人のQRコードを読み込む

①LINEのホーム画面を開き、画面上にある人のマークをポンと押します。

②画面上の真ん中にある「QRコード」をポンと押します。

③「マイ QR コード」をポンと押します。

④友だちになりたい人に自分の QR コードを、カメラで読み込んでもらいます。

⑤相手からメッセージやスタンプが来たら、「追加」を押します。すると、友だちリストに追加されます。

③自動的にカメラが立ち上がります。そのまま、相手の QR コードにカメラをかざします。

④ＱＲコードを読み込んだら、相手のホーム画面が立ち上がります。左下の「追加」を押します。

⑤「トーク」を押し、メッセージやスタンプを送ります。すると、相手に友だち追加したことが伝わります。

LINE メッセージを送る・取り消す

LINEで友だちになったら、早速メッセージのやりとりをしましょう。間違って送ってしまったメッセージの取り消し方法も覚えておくと便利です。

●メッセージを送る

0:48
トーク
渡辺としみ
おはようございます！
渡辺和夫
スタンプを送信しました
LINEウォレット
LINE
パスワードが変更されました。
Keepメモ

①メニューにある「トーク」を押し、友だち一覧の中から、メッセージを送りたい相手を選びます。

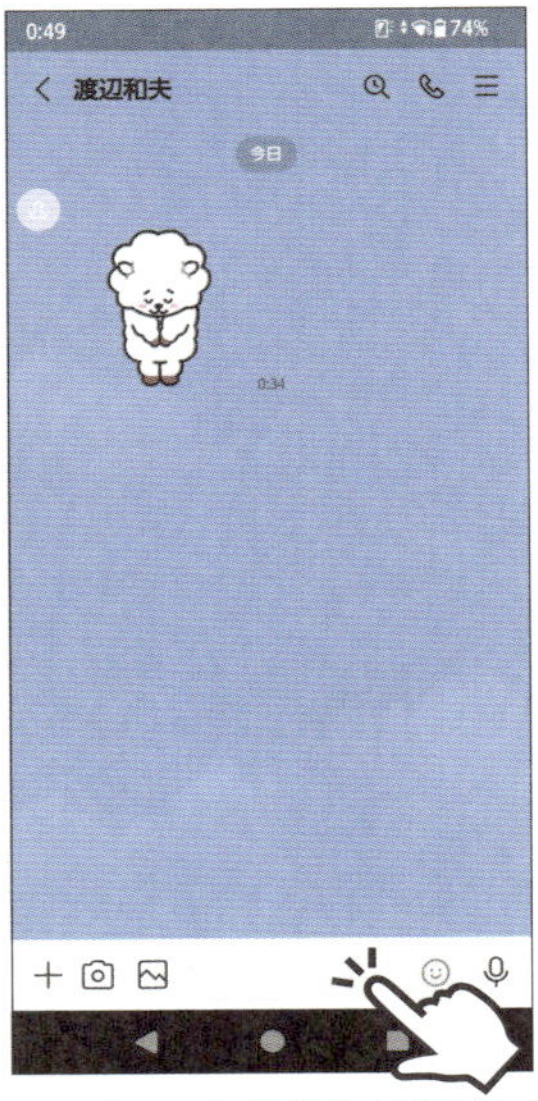

0:49
渡辺和夫
今日

②トーク画面が開きます。画面下の入力窓をポンと押します。

●メッセージを取り消す

0:53
渡辺和夫
今日
よろしくお願いします！
明日は８時集合でお願いします！

①「既読」マークのついていない、取り消ししたいメッセージを２秒ほど長押しします。

0:53
渡辺和夫
今日
明日は８時集合でお願いします！

②メニューの中から「送信取消」をポンと押します。

渡辺和夫
今日
よろしくお願いします！
キャンセル

③キーボードが出てきたら、メッセージを入力します。次に飛行機マークを押します。

渡辺和夫
今日
よろしくお願いします！

④入力したメッセージが相手に送られています。

渡辺和夫
今日
よろしくお願いします！

⑤相手がメッセージを読むと、小さな文字で「既読」がつきます。

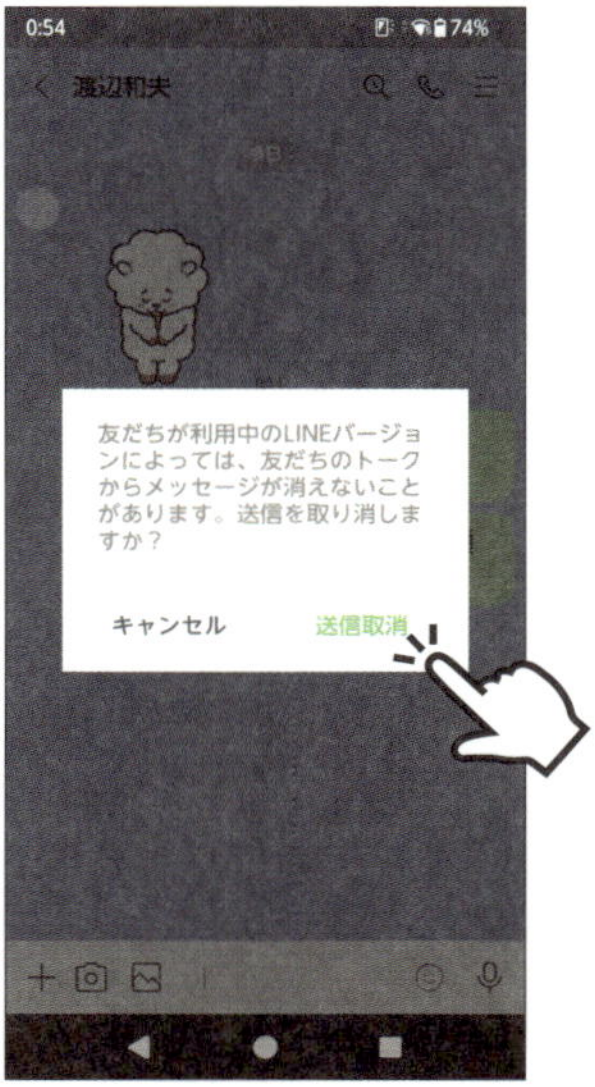
渡辺和夫
友だちが利用中のLINEバージョンによっては、友だちのトークからメッセージが消えないことがあります。送信を取り消しますか？
キャンセル
送信取消

③確認メッセージが出てきます。もう一度「送信取消」を押します。

渡辺和夫
今日
よろしくお願いします！
メッセージの送信を取り消しました

④送ったメッセージが取り消しされました。

メッセージを取り消す時に大切なのは、既読マークがついていないうちに行うことです。既読後でも同じ操作はできますが、すでに読んだ後なので気をつけましょう。

LINE 写真・スタンプを送る

LINE では、メッセージのほかに写真やスタンプも送れます。メッセージ・写真・スタンプをお互いに送りあうことで、LINE でのやりとりがもっと楽しくなります。

●写真を送る

①写真を送りたい人とのトーク画面を開きます。メニューから山を映したような写真マークを押します。

②アルバム内の送りたい写真を選びます。選んだら、飛行機マークを押します。

●スタンプを送る

①画面下の入力窓の右端にある笑顔マークを押します。

②絵文字が出ます。

送られてきた写真を保存する

16:09
渡辺としみ
おはよう
このアヒージョ！今度一緒に食べに行こうよ！！

①送られてきた写真は一定期間を過ぎると見られなくなるので保存します。写真をポンと押します。

16:09
渡辺としみ
保存しました。

②右下にある下向きの矢印を押すと、「保存しました」というメッセージが現れ、フォトに保存されました。

1:03
渡辺和夫
よろしくお願いします！

③相手に写真を送ることができました。

1:04
渡辺和夫
すごく美味しかったよ！
今度、一緒に行こうねー

③メニューの左にある、人の笑顔と動物の顔を押して、絵文字からスタンプに切り替えます。

1:04
渡辺和夫

④スタンプを押すと、スタンプのプレビューが表示されます。プレビュー部分を再び押します。

1:05
渡辺和夫
すごく美味しかったよ！
今度、一緒に行こうねー

⑤相手にスタンプが送信できました。

LINEアルバムを作る

LINEで送りあった写真は、放置しているとそのうち見られなくなります。残したい写真がある場合はアルバムを作って保存すると、いつでも、何度でも見返せます。

①友だちリストの中から、アルバムを作りたい人を選びます。

②画面右上の三本線をポンと押します。

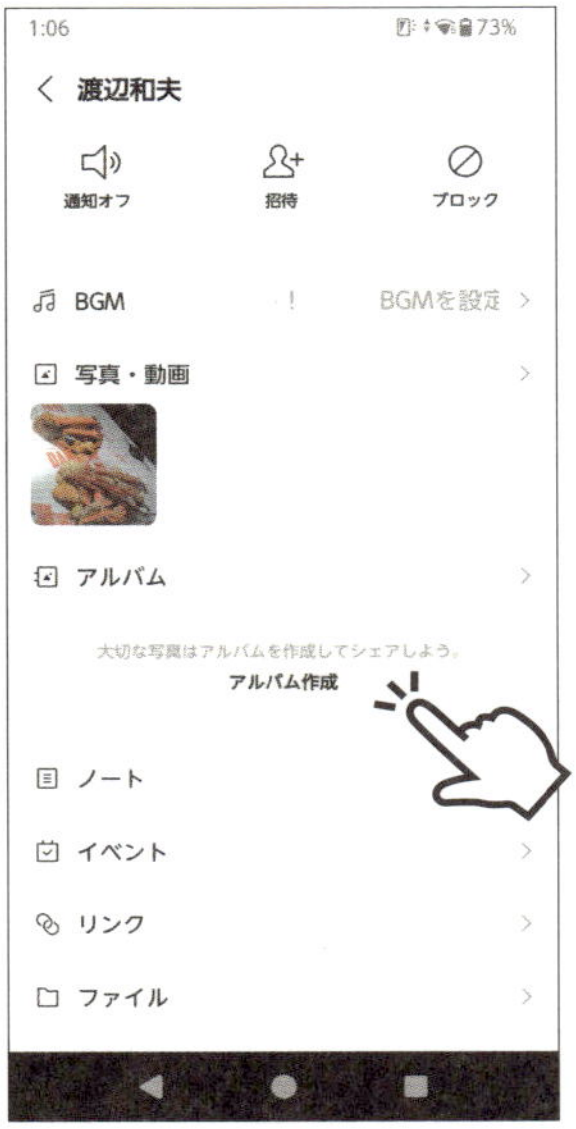

③「アルバムを作成」をポンと押します。

④自分の写真が出てきます。アルバムに入れたいものを選びます。

⑤写真を選び終わったら、右下の「次へ」を押します。

⑥アルバムの名前を入力します。次に、右上の「作成」を押します。

⑦アルバムが完成。左上の「＜」（戻る）を押します。

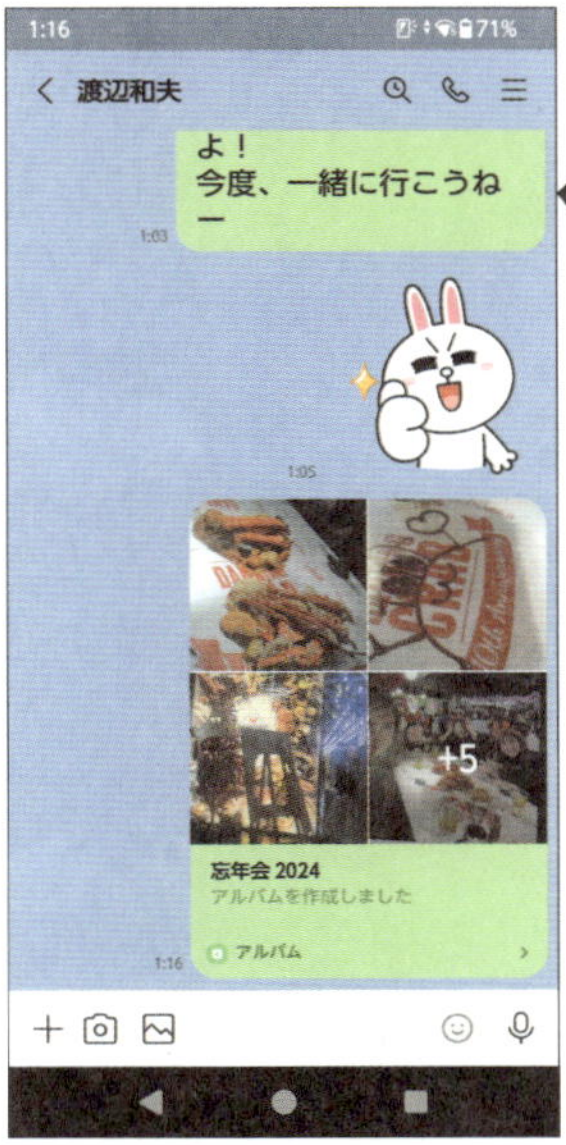

⑧トーク画面に戻ると、完成したアルバムが送られています。

LINE 電話をかける・ビデオ通話をする

電話番号がわからなくても、LINEで友だちになっている人とは電話（音声通話）とビデオ通話ができます。通話料無料なのもうれしいポイントです。ただし、Wi-Fiに繋がっていない場合は、かけた方も受けた方も双方にモバイルデータ通信料がかかります。

●電話をかける

①友だちリストの中から、電話をかけたい人を選びます。

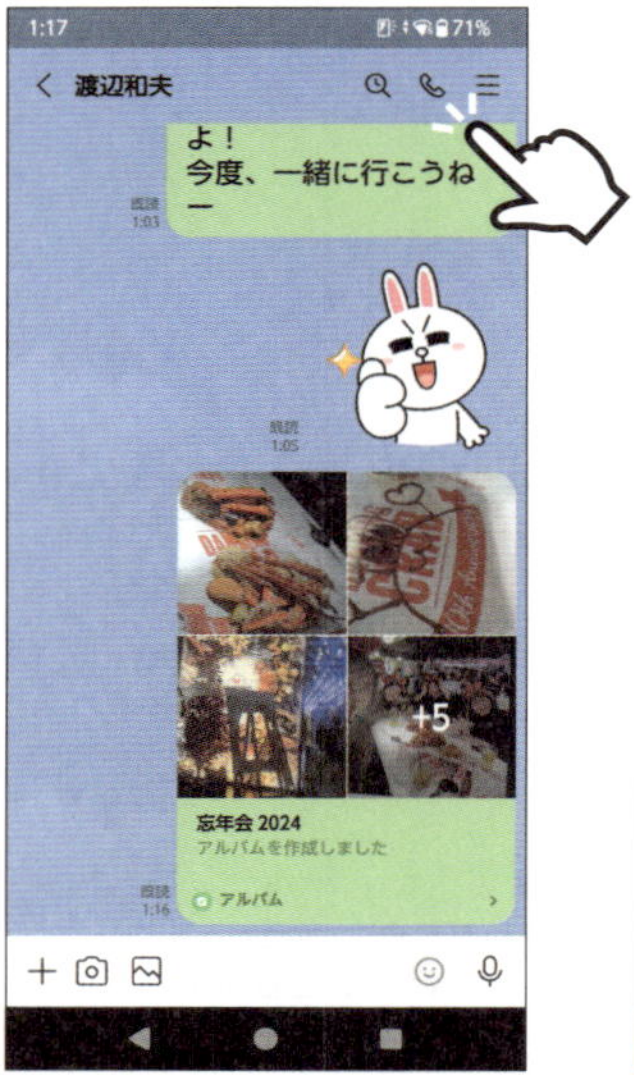

②トーク画面右上の受話器のマークをポンと押します。

●ビデオ通話をする

①友だちリストの中から、ビデオ通話をかけたい人を選びます。

②トーク画面右上の受話器のマークをポンと押します。

③「音声通話」と「ビデオ通話」が出てきたら、「音声通話」の方を押します。

④呼び出しコールがなります。

⑤相手が出たら、通話時間がカウントされます。電話を終える時は、×マークを押します。

③「音声通話」と「ビデオ通話」が出てきたら、「ビデオ通話」の方を押します。

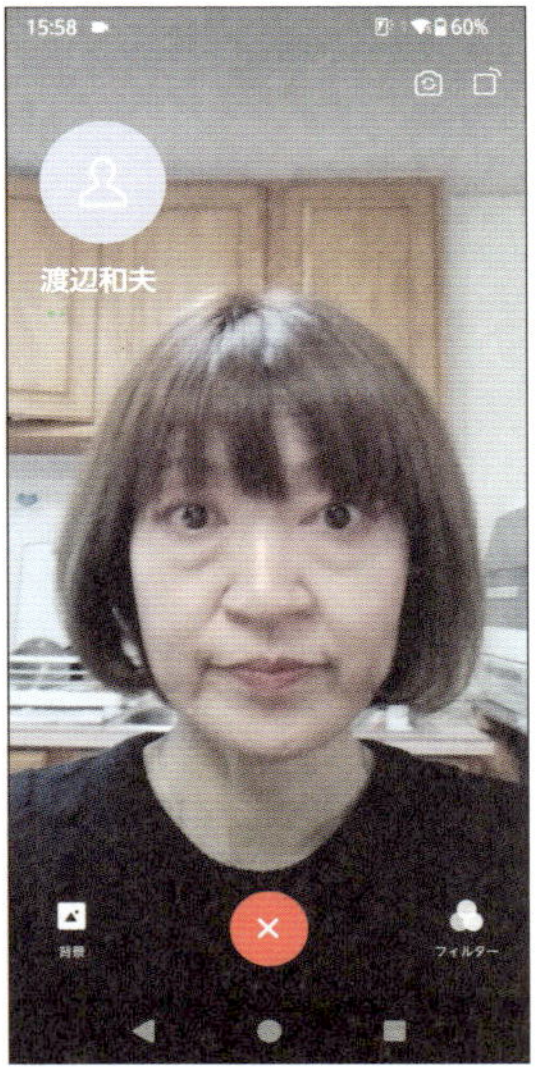

④呼び出しコールがなります。相手が出るまでは、自分の映像が画面に出ます。

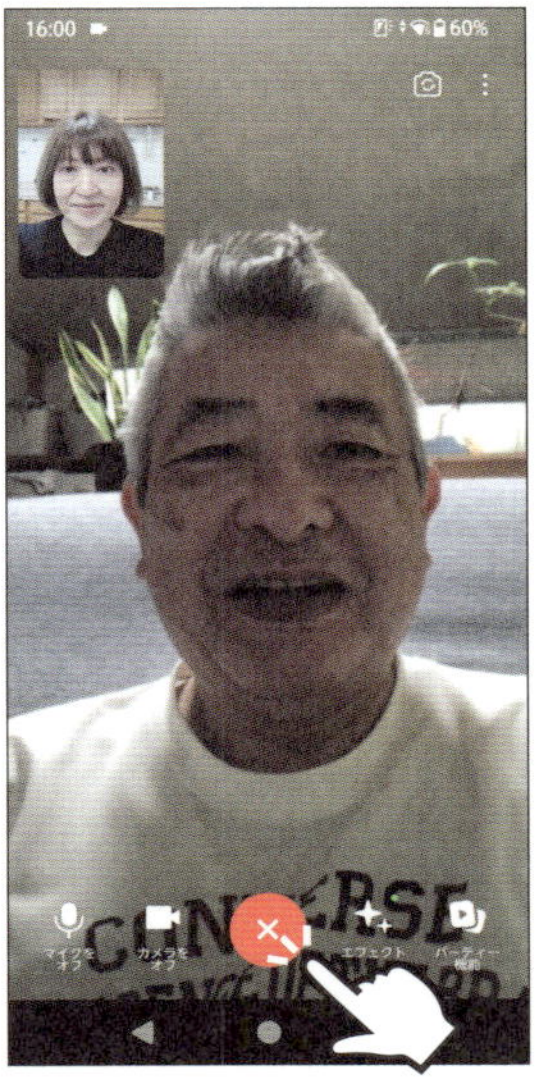

⑤相手が出たら、映像が出て、自分の映像は左上に出ます。×マークを押したら終了します。

覚えると便利

グループLINEで元気を確認

LINEでは、複数人の友だちと同時にやりとりができる「グループLINE」という機能があります。個別に何度も同じやり取りをせずにすむので、とても便利です。

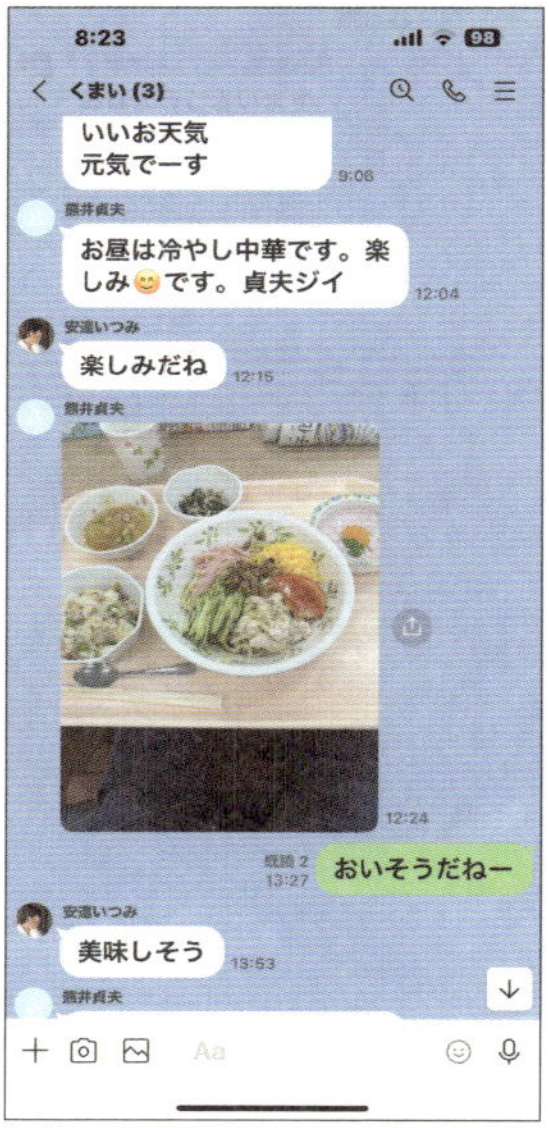

8:23
くまい (3)
いいお天気
元気でーす
9:06
熊井貞夫
お昼は冷やし中華です。楽しみ😊です。貞夫ジイ
12:04
安達いつみ
楽しみだね
12:15
熊井貞夫
12:24
既読 2
13:27
おいそうだねー
安達いつみ
美味しそう
13:53
熊井貞夫

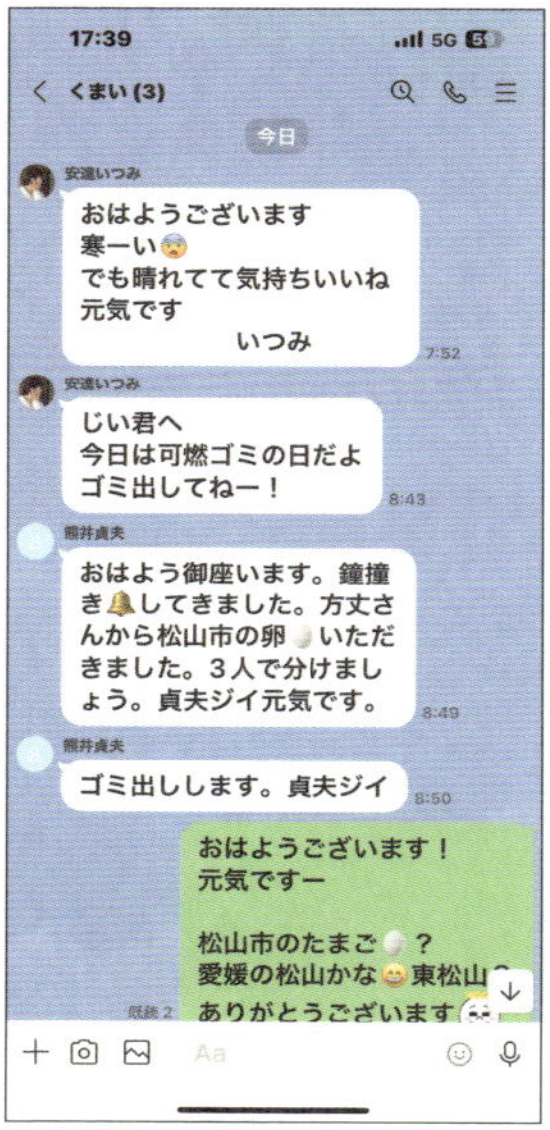

17:39
くまい (3)
今日
安達いつみ
おはようございます
寒ーい😨
でも晴れてて気持ちいいね
元気です
いつみ
7:52
安達いつみ
じい君へ
今日は可燃ゴミの日だよ
ゴミ出してねー！
8:43
熊井貞夫
おはよう御座います。鐘撞き🔔してきました。方丈さんから松山市の卵🥚いただきました。3人で分けましょう。貞夫ジイ元気です。
8:49
熊井貞夫
ゴミ出しします。貞夫ジイ
8:50
おはようございます！
元気でーす
松山市のたまご🥚？
愛媛の松山かな😄東松山
ありがとうございます
既読 2

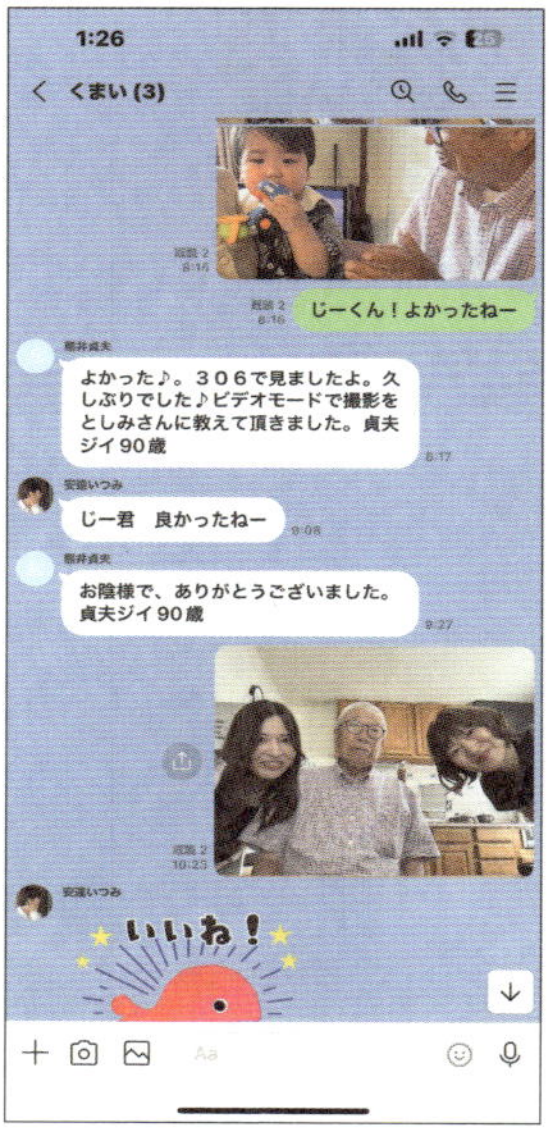

1:26
くまい (3)
既読 2
8:16
じーくん！よかったねー
熊井貞夫
よかった♪。306で見ましたよ。久しぶりでした♪ビデオモードで撮影をとしみさんに教えて頂きました。貞夫ジイ90歳
8:17
安達いつみ
じー君　良かったねー
9:06
熊井貞夫
お陰様で、ありがとうございました。貞夫ジイ90歳
9:27
既読 2
10:23
安達いつみ
いいね！

①遠くに住む家族と作ったグループLINEでは、一度に複数人に情報を発信することができます。

②毎朝、グループLINEで挨拶をしています。これで家族の無事を全員で共有できます。

③楽しい写真やスタンプで離れていても繋がっている感じがします。

シニアに限らず、多くの人が「グループLINE」を作って日ごろからやり取りしています。例えば、遠い場所に住む家族や友人、趣味の教室の仲間などとのグループです。既読を見れば、何人が見たのかもわかります。

第6章 その他

えっ、こんなことも
できちゃうの？

- タクシーを呼ぶ
- 電車の乗換方法がわかる
- カレンダーを使って
  予定を忘れない
- スマホ決済
- テレビを観る
- ラジオを聴く
- YouTube を観る
- 脳活ゲーム…ほか

タクシーアプリで タクシーを呼んでみる

外出中にタクシーがなかなか捕まらない時はタクシーアプリ「GO」を頼りましょう。乗車料金に加えて手配料がかかりますが、一番近くにいるタクシーを手配してくれます。

①「タクシーGO」のマークをポンと押します。

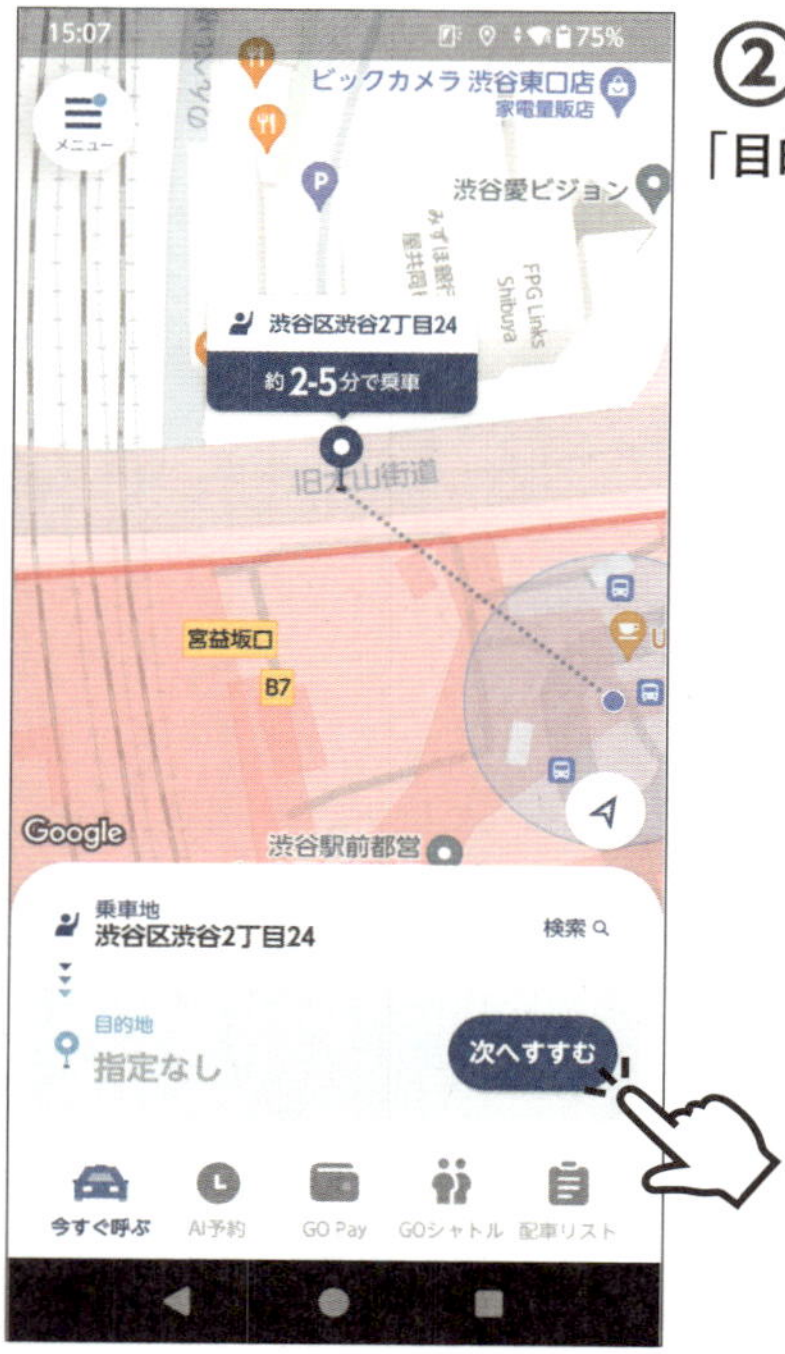

②自分がいる場所にピンが刺さります。画面下にある「目的地」をポンと押します。

GO を インストールする

アプリをインストールしたらアカウント登録をします。この時、支払い方法の設定はスキップしても OK。通知はオンにしましょう。

③目的地（お店の名前や住所）を入力します。

④目的地にピンが立った地図が出てきます。目的地が正しければ、画面下の「ここに行く」を押します。

⑤「タクシー」を選んでから、「タクシーを呼ぶ」を押します。タクシーが到着したら通知が来ます。

Yahoo!乗換案内で電車に乗ってみる

アプリの「Yahoo!乗換案内」には、出発時間や到着時間を指定して調べられる他に、乗り換え駅の乗車位置の確認といったいろいろな便利機能がついています。

①電車のマークをポンと押します。

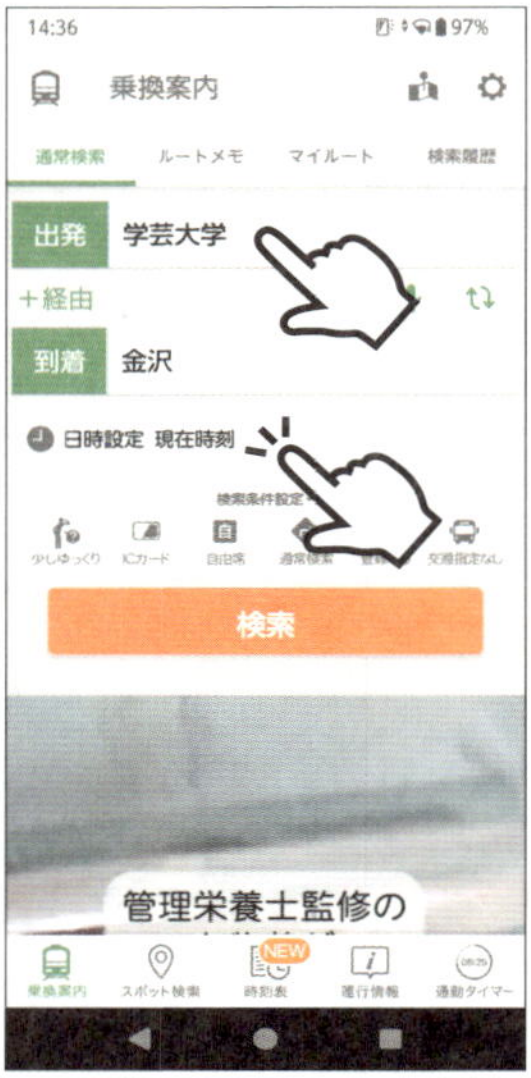

②「出発」「到着」を入力してから、「日時設定」を押します。

Yahoo! 乗換案内をインストールする

アプリをインストールしたら必ずアカウント登録をします。この時、位置情報はオン、通知はオフにしましょう。

③日付と時間を指定して、「出発」や「到着」を選んだら、画面下の「決定」を押します。

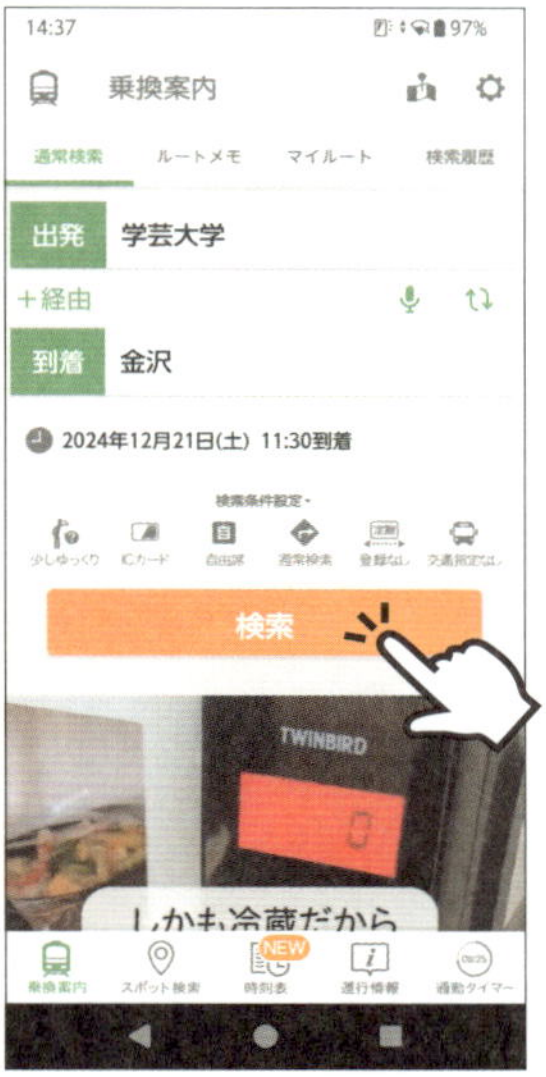

④日時設定を確認して、間違っていなかったら「検索」を押します。

⑤６つのルート結果が表示されます。好きなルートを押します。

⑥詳しい情報が出てきます。出発時間を押すと⑦へ、「詳細＞」を押すと⑧へ進みます。

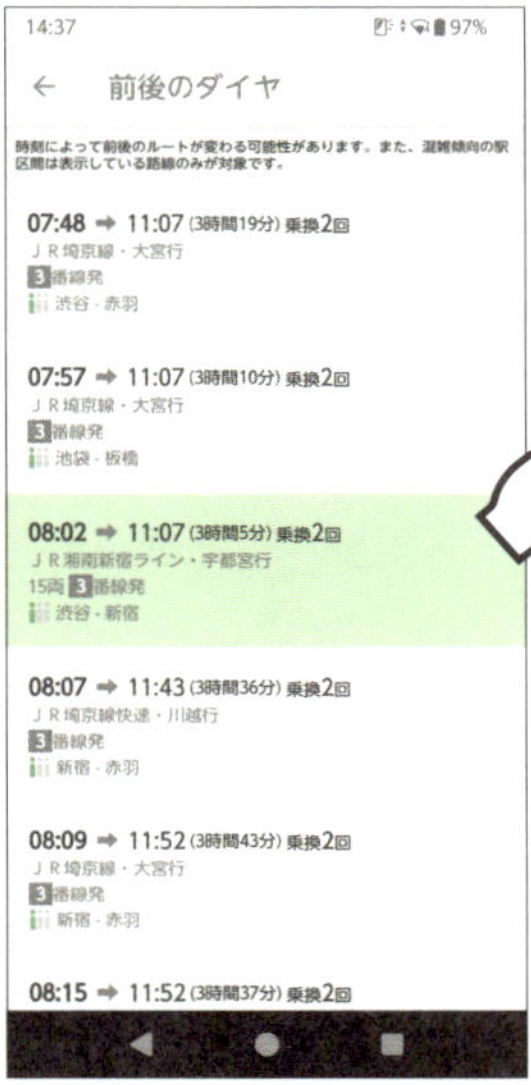

⑦日時設定で指定した出発時刻の前後のダイヤが出てきます。

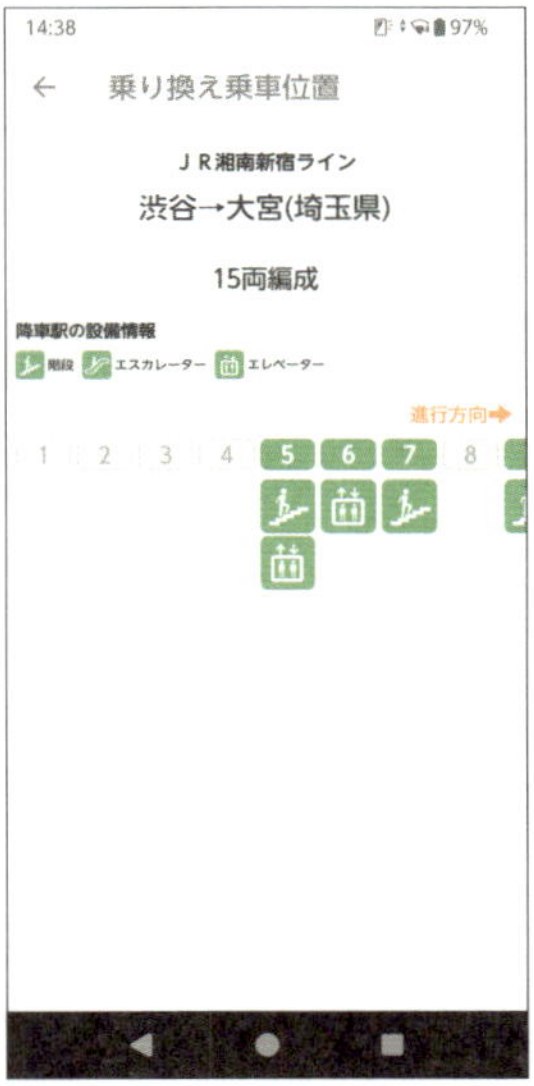

⑧乗り換え駅の乗車位置が出てくるので、エスカレーターやエレベーターの位置が確認できます。

iPhone カレンダーの使い方

友だちとの約束や習い事、次回の通院予定などを壁掛けカレンダーに書いていても、当日になると忘れてしまうことがしばしばあります。そんな場合は、スマホのカレンダーに入れておきましょう。事前にアラームでお知らせしてくれるので、忘れる心配がありません。

①カレンダー（その日の日数と曜日が出ている）のマークをポンと押します。

②画面の右上にある「+」を押します。

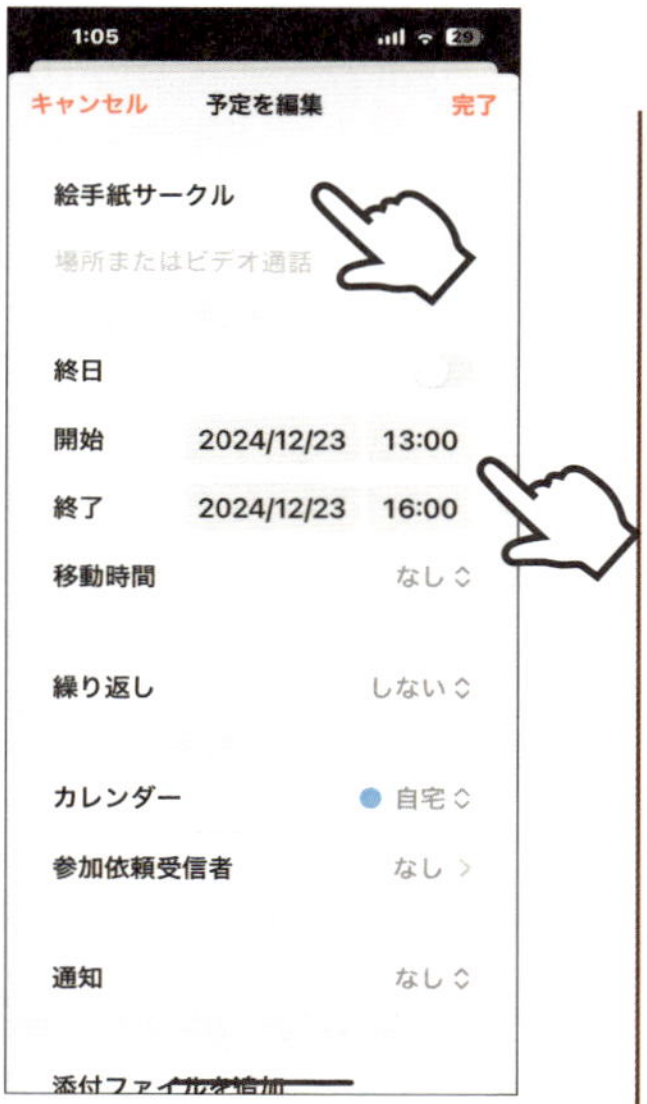

③「タイトル」を押して入れたい予定を入力します。次に「開始」と「終了」の日時を設定します。

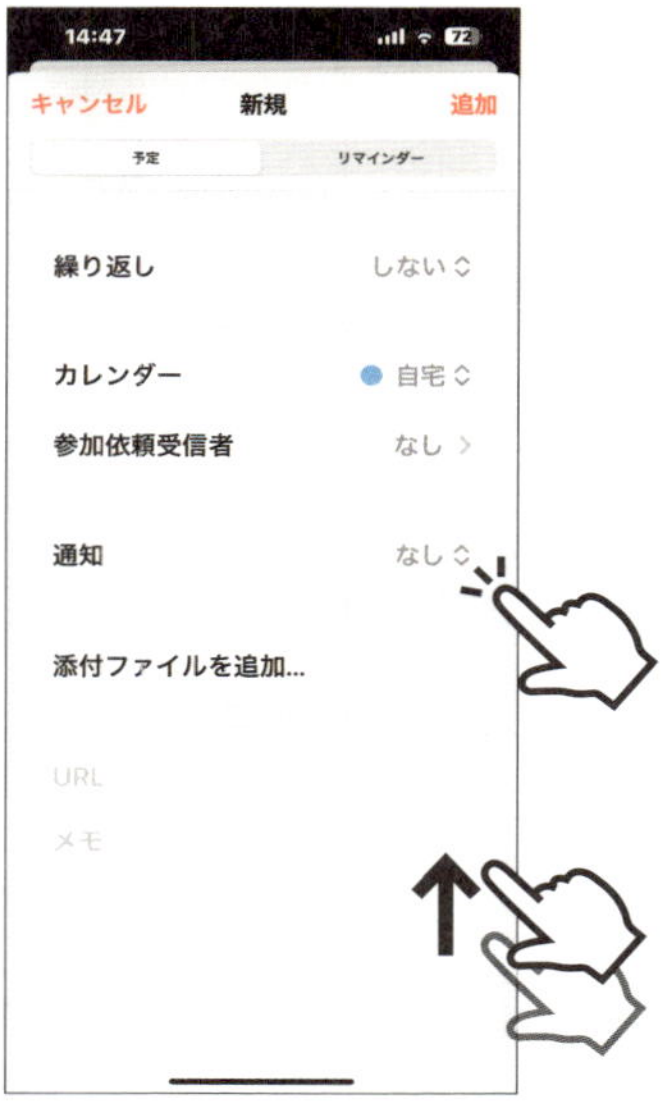

④画面を下から上に持ち上げていくと、「通知」という項目が出てくるので、ポンと押します。

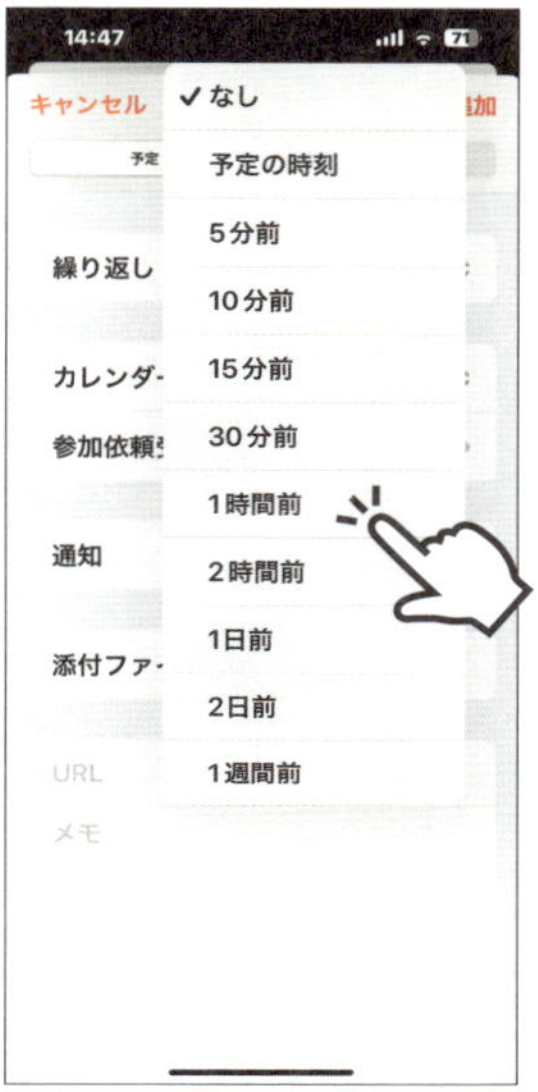

⑤予定を教えてくれる通知のタイミングを選べるので、好きな時間を選びます。

⑥通知の時間を選んだら、画面の右上にある「追加」をポンと押します。

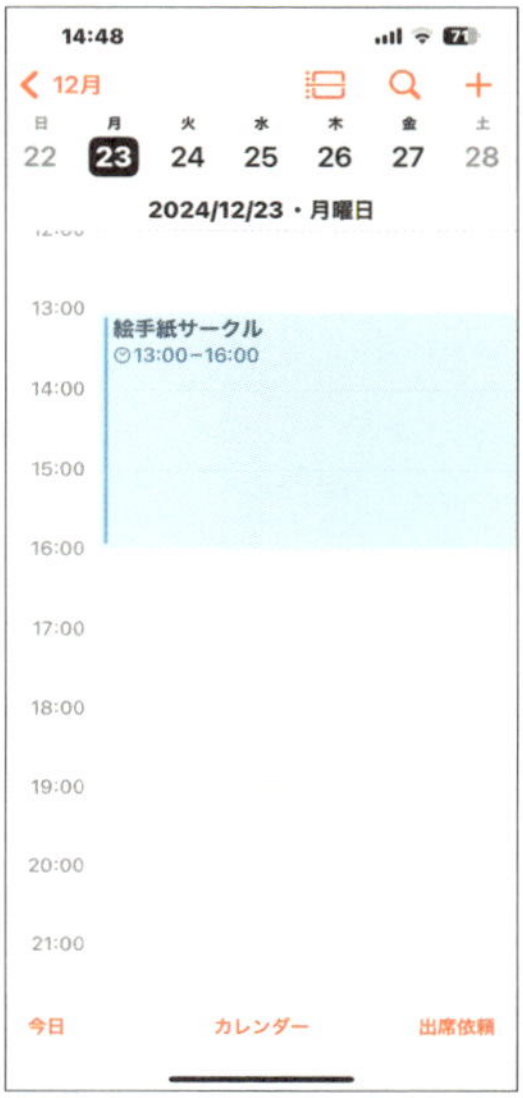

⑦カレンダーに予定が反映されました。

⑧設定していた通知時間になったら通知が届き、予定を知らせてくれます。

Googleカレンダーの使い方

Googleのカレンダーにも、iPhoneと同じような予定を知らせてくれる通知機能がついていますが、多少操作が異なります。また、スマホのホーム画面にカレンダーが見つからない場合は、Googleのアプリがひとつにまとまっている引き出し（フォルダ）の中を見てみましょう。

①カレンダーのマークをポンと押します。

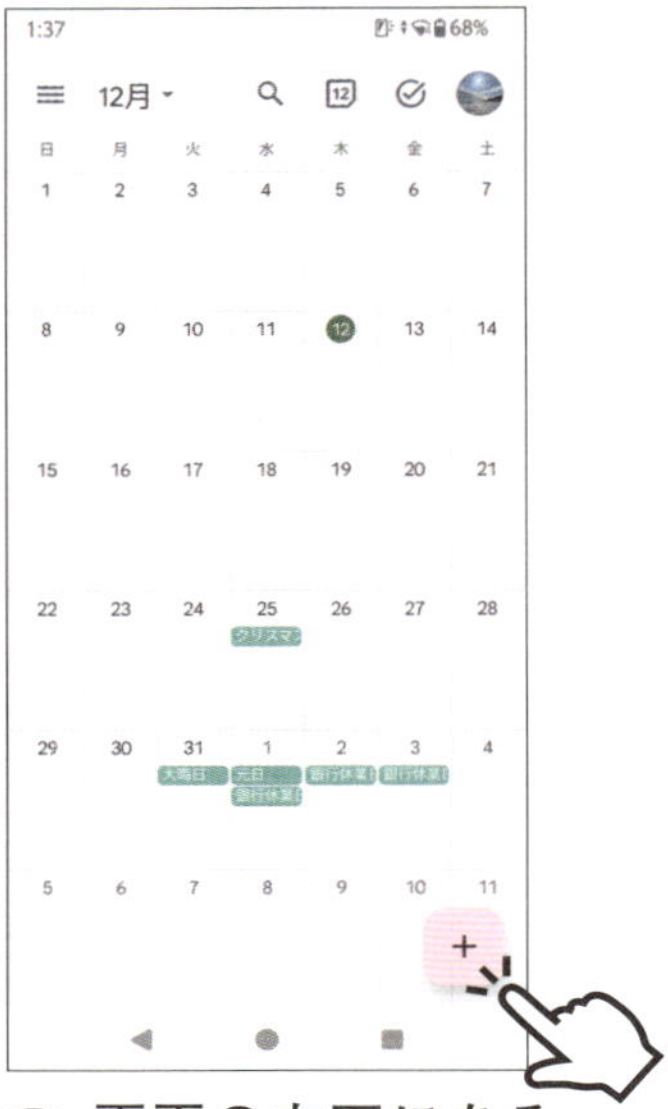

②画面の右下にある「+」をポン。

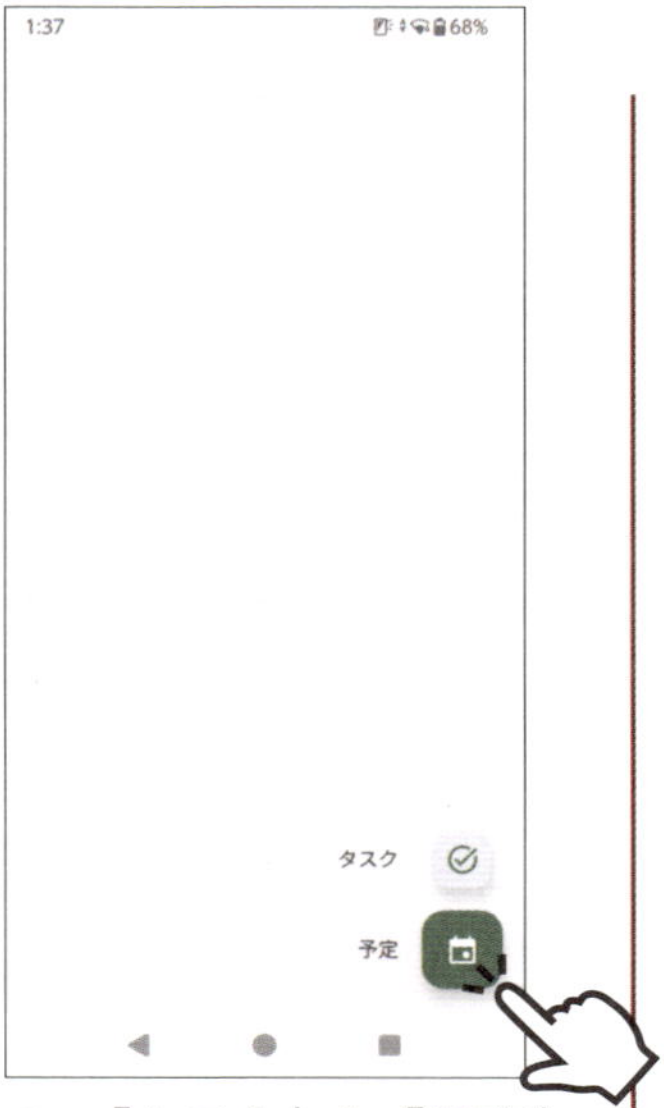

③「タスク」と「予定」が現れたら、「予定」を押します。

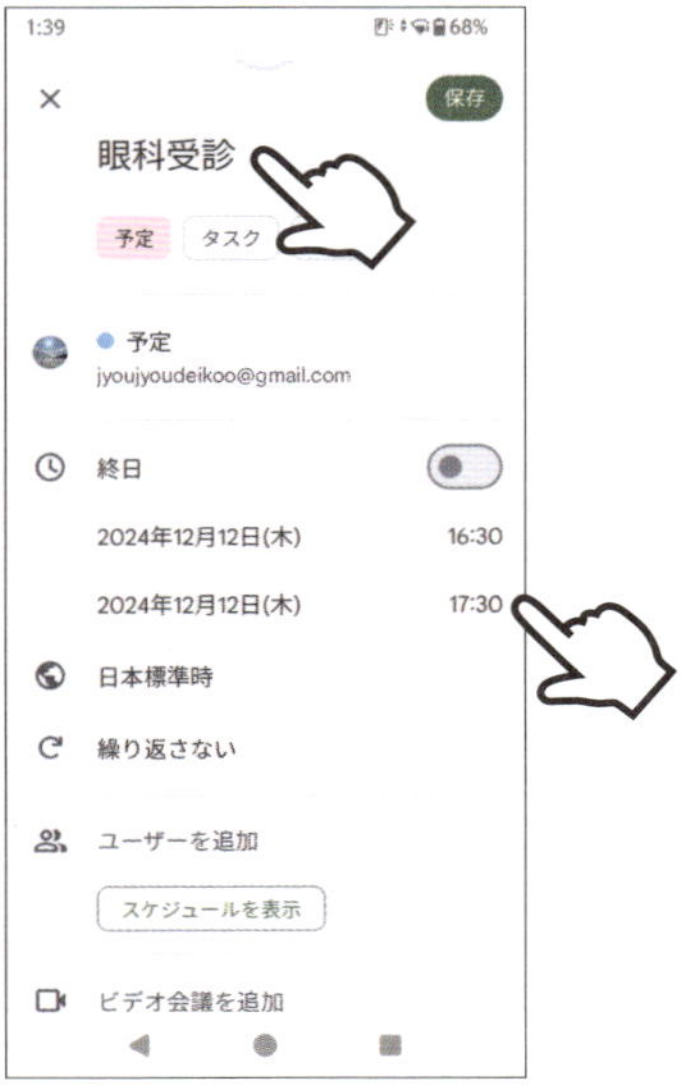

④「タイトル」を押して、入れたい予定を入力します。次に開始と終了の2つの日時を設定します。

⑤「通知を追加」をポンと押します。

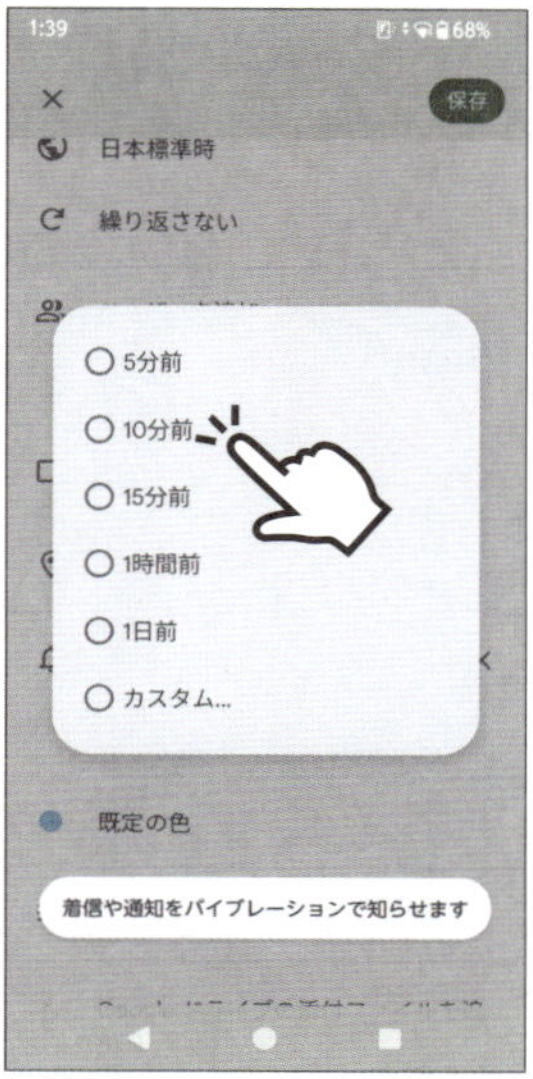

⑥予定を教えてくれる通知のタイミングを選べるので、好きな時間を選びます。

⑦画面の右上にある「保存」をポンと押します。

⑧カレンダーに予定が反映されました。

⑨設定していた通知時間になったら通知が届き、予定を知らせてくれます。

Wi-Fiの繋げ方

FREE Wi-Fiに繋げれば、通信料がタダでアプリやインターネットが楽しめます。さらに、1度設定すれば、次に行った時には自動的に繋がります。

このマークがあるホテルやカフェなどでは、無料でWi-Fiを使うことができます。

①歯車の形をした「設定」を押し、「Wi-Fi」の横の「未接続」をポンと押します。

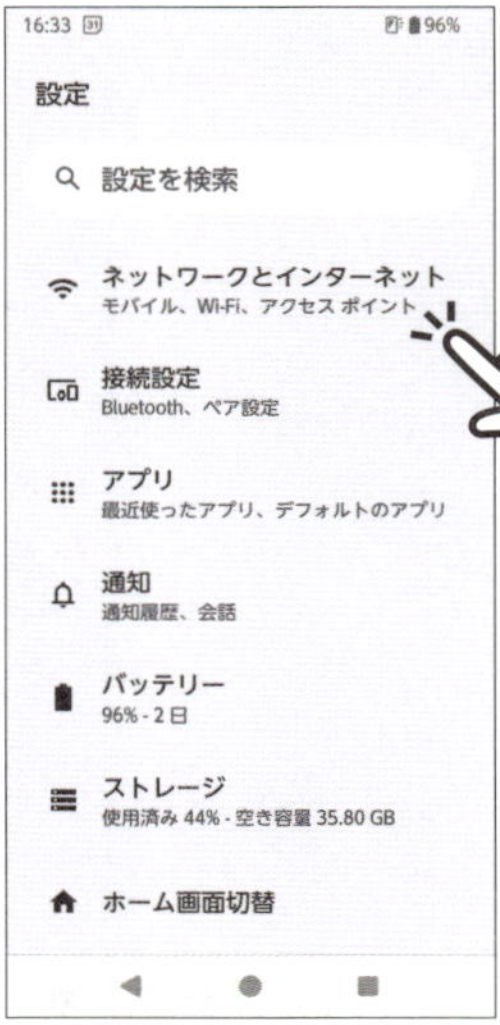

①歯車の形をした「設定」を押し、「ネットワークとインターネット」などをポンと押します。（機種により表記が違うことも）

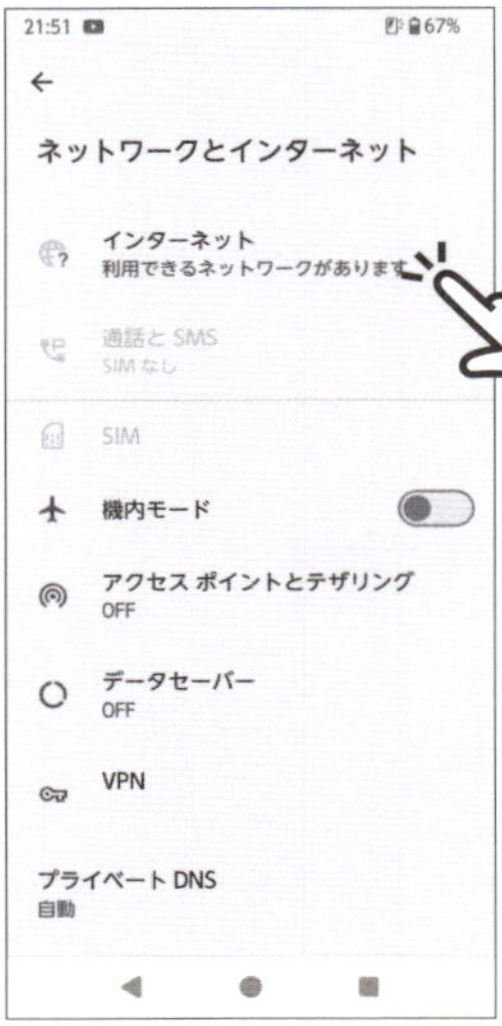

②「インターネット」をポンと押します。

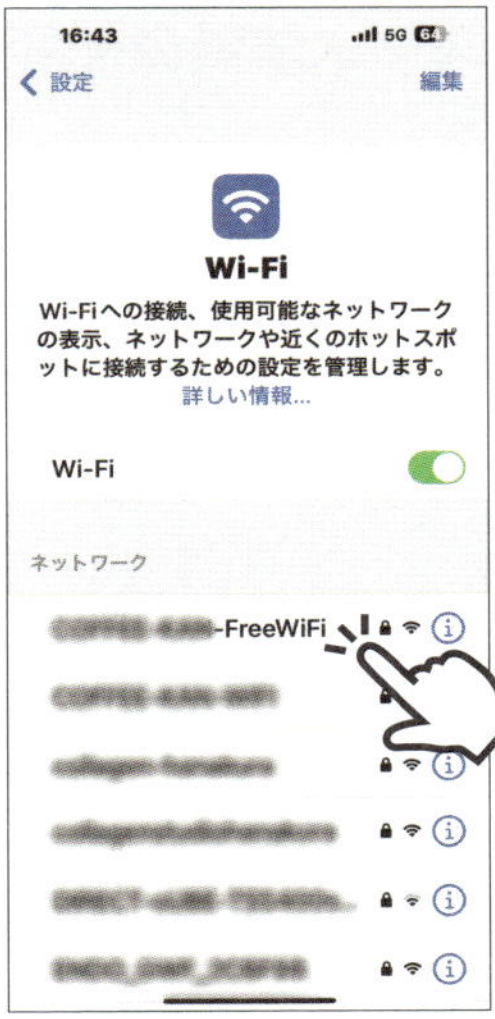

②「Wi-Fi」がオンになっていることを確認して、繋げたいネットワーク名を選び、ポンと押します。

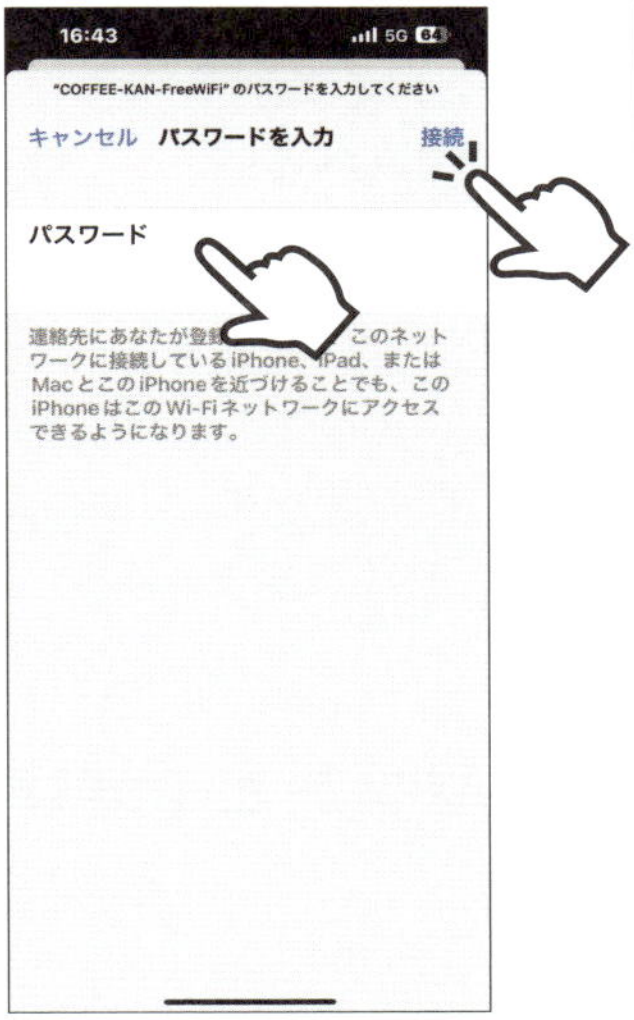

③ボードに記載されているパスワード（大・小文字に気をつける）を入力し、「接続」を押します。

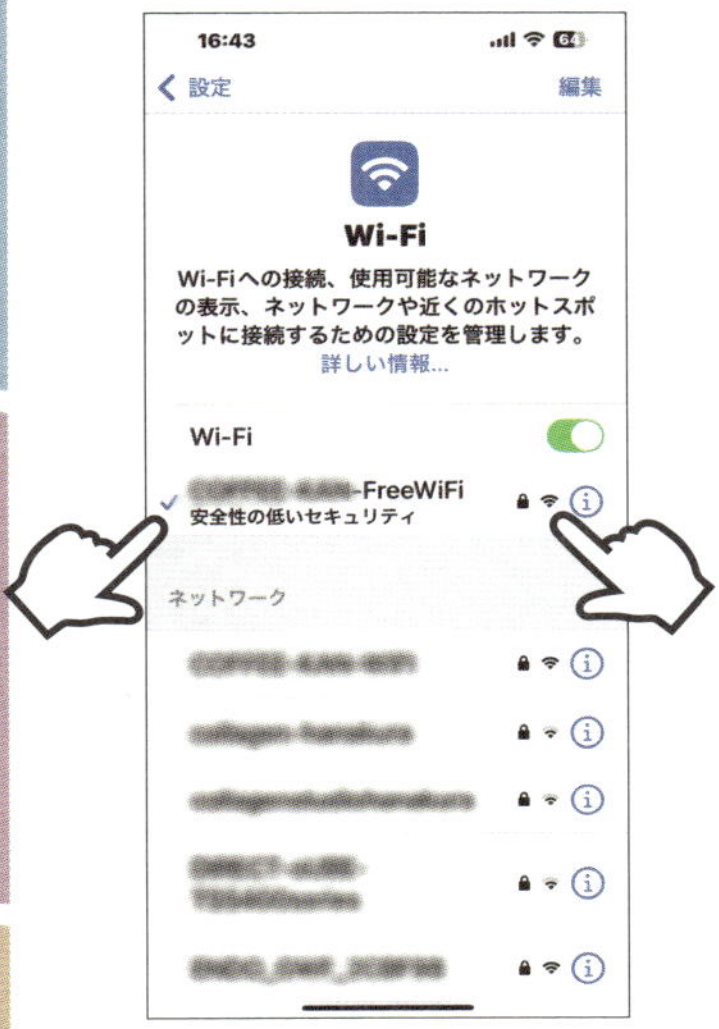

④FREE Wi - Fiに繋がると、チェックマークと電波マークがつきます。これでインターネットが使えます。

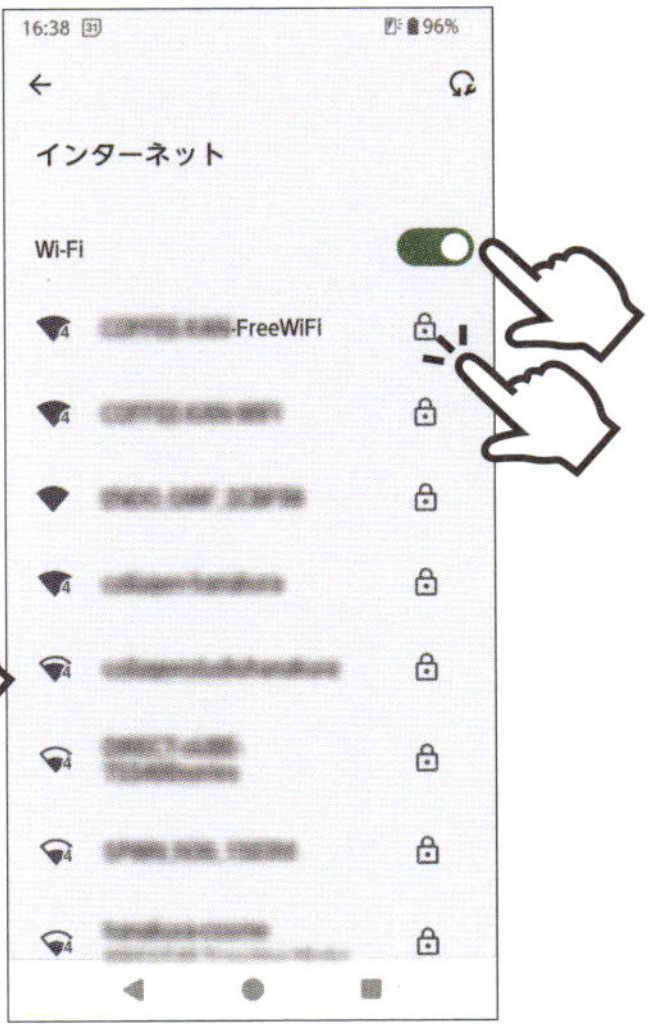

③「Wi-Fi」がオンになっていることを確認して、繋げたいネットワーク名を選び、ポンと押します。

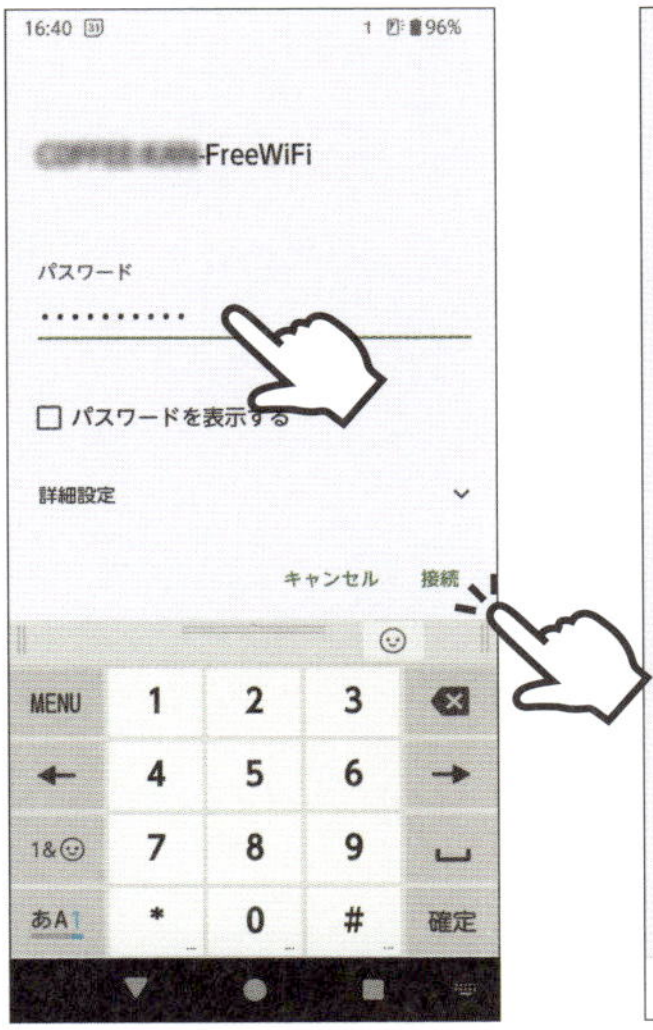

④ボードに記載されているパスワード（大・小文字に気をつける）を入力し、「接続」を押します。

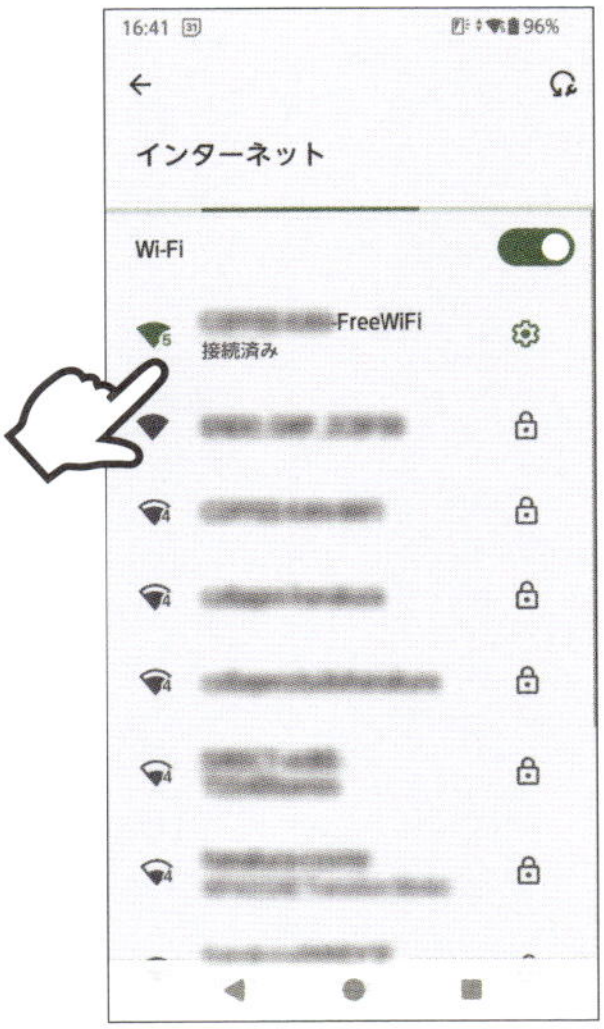

⑤FREE Wi - Fiに繋がると、「接続済み」と、電波マークがつきます。これでインターネットが使えます。

スマホ決済とは？

若い世代を中心に、新しい決済方法として定着しつつあるスマホ決済。面倒に思われがちですが、正しく使えばとても便利です。注意事項とあわせて紹介します。

スマホ決済の種類	具体的なサービス
① QRコード決済	PayPay（ペイペイ）、楽天ペイ、メルペイ、auペイ、d払い（ディー払い）など
②タッチ決済	Suica（スイカ）、PASMO（パスモ）などの交通系IC、nanaco（ナナコ）、WAON（ワオン）など

スマホ決済のメリットとデメリット

メリット	デメリット
・スムーズな決済ができる ・ポイントやキャッシュバックによる還元が受けられることもある。 ・非接触だから衛生的 ・支払履歴を確認できる ・ATMの利用機会が減る	・通信環境がないと利用できない（QRコード決済） ・初期設定が必要 ・使い過ぎに注意が必要

スマホ決済には、大きく分けてQRコード決済とタッチ決済の２種類があります。どちらも財布を持ち歩かなくてもいいし、スムーズな支払いができたり、銀行口座やクレジットカードと紐づければ、ATMで現金を下ろす必要がないといったメリットがあります。

ただし、現金を払った感覚があまりないので、使い過ぎには注意です。

PayPayに登録する

スマホ決済にもいろいろな種類がありますが、ここでは加盟店と利用者がもっとも多いと言われている「PayPay」を紹介します。

①「新規登録」を押します。「携帯番号」と「新規パスワード」を入力したら、「上記に同意して新規登録」を押します。

②ショートメールで認証コード（4桁）が送られてきます。

③ショートメールで来た認証コード（4桁）をPayPayアプリに入力します。

④「はじめてガイド」を読みたい人は押してください。読まなくてもいい人は「閉じる」を押します。

⑤通知を知りたい人は「プッシュ通知をオンにする」を、通知がなくてもいい人は「閉じる」を押します。

⑥登録が完了すると、ホーム画面に移ります。これでPayPayが使えるようになりました。

PayPayをインストールする

App Storeか Playストアからインストールします。

PayPayに現金をチャージする

チャージにはいろいろな方法がありますが、ここでは情報漏洩の心配がない現金でのチャージ方法（セブンイレブンかローソンのATM）を紹介します。

① セブンイレブンかローソンのATMで現金チャージをする場合は、画面左上の「スマートフォンでの取引」を押します。

② スマホでPayPayアプリを開き、赤いメニュー右端にある「チャージ」を押します。

③ メニュー上段の真ん中にある「ATMでチャージ」を押します。

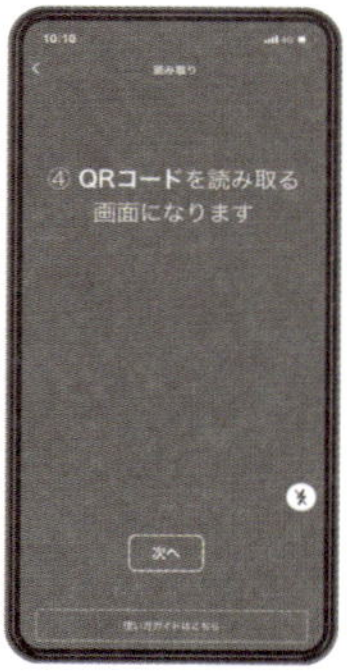

④ 自動的にスマホのカメラが立ち上がり、読み取り画面になります。

⑤ ATMの「チャージ」の後に「QRチャージ」を押したらQRコードが表示されます。それをカメラで読み込みます。

⑥ スマホに4桁の番号が表示されます。

⑦ ATMの「次へ」を押した後に4桁の番号を入力したら、案内に沿って「確認」を押していきます。

⑧ 取引金額を選ぶ画面でチャージしたい金額を選び、ATMにお金を入れます。明細の発行を選びます。

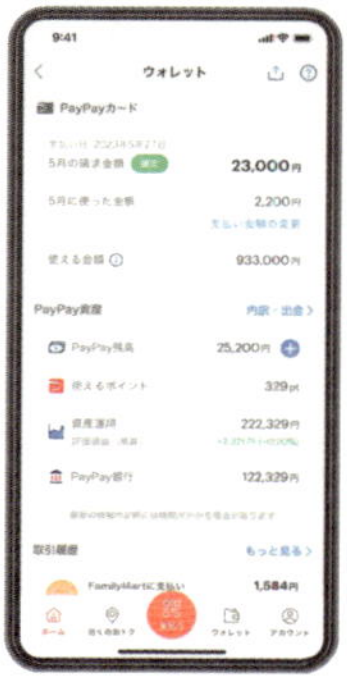

⑨ チャージ完了です。

PayPayで支払う

●アプリのバーコードを見せる場合

① PayPayアプリのホーム画面を開き、店員さんに見せます。

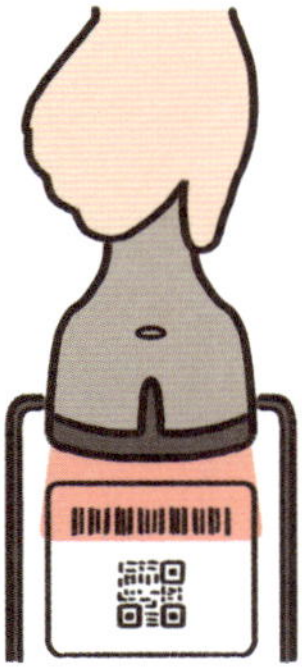

② 店員さんにバーコードを読み取ってもらいます。

③ 支払いが完了します。

●お店のQRコードを読み取る場合

① PayPayアプリのホーム画面を開き、赤いメニューの左にある「スキャン」を押します。

② カメラが立ち上がったら、レジまわりにあるお店のQRコードを読み取ります。

③ スマホに支払金額を自分で入力します。

④ 「次へ」を押すと、画面が半回転します。画面を差し出し、店員さんに見てもらいます。

⑤ 店員さんに金額を確認してもらい、正しければ「支払い」を押します。

テレビを観る

テレビ番組を観るアプリはたくさんありますが、まずは見逃した番組を一週間配信していたり、懐かしいドラマ特集などもある無料のＴＶｅｒを使ってみましょう。

①スマホのホーム画面にあるTVer のアプリをポンと押します。

②おすすめ番組や特集コーナーが並んでいます。観たい番組がある時は、右下の虫メガネから探します。

TVer を インストールする

App Store か Play ストアからインストールします。

③観たい番組を選んでポンと押すと、最終回から降順に放送回が表示されます。

④観たい放送回を探し、見つけたらポンと押します。

⑤広告の後で本編がはじまります。画面ロックをしていない場合は、スマホを横にしたら大きな画面で観れます。

戻るには

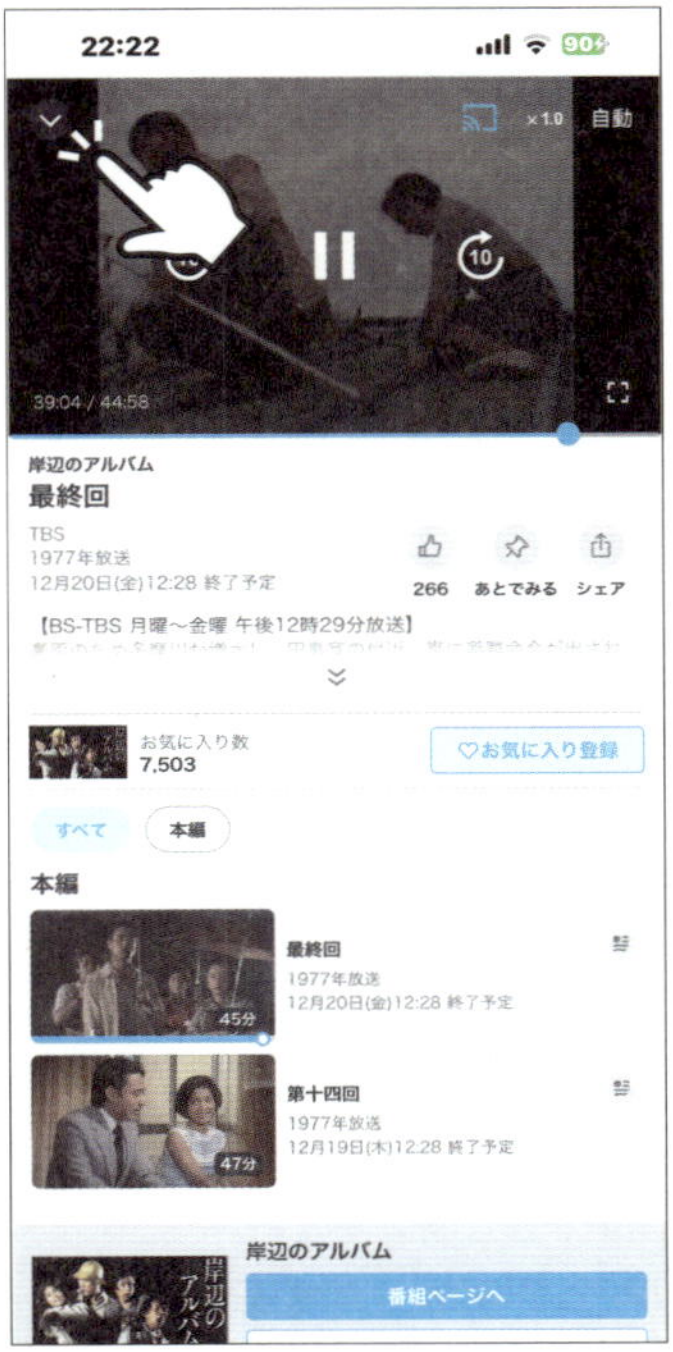

⑥番組を観終わったら、左上にある「∨」（下向きの矢印）マークを押します。

YouTubeを観る

ミュージックビデオ、テレビ番組や映画のワンシーン、ニュースの深掘り、レシピといった実に様々な動画が楽しめます。

①スマホのホーム画面にあるYouTubeのアプリをポンと押します。

②人気の動画が出てきます。観たい動画がある場合は、画面右上の虫メガネを押します。

YouTubeをインストールする

YouTubeはウェブでも観ることができますが、アプリの方が観やすく、また操作がシンプルです。App StoreかPlay ストアからインストールします。

③観たい動画「アジの三枚おろし」をキーボード入力したら、「検索」を押します。

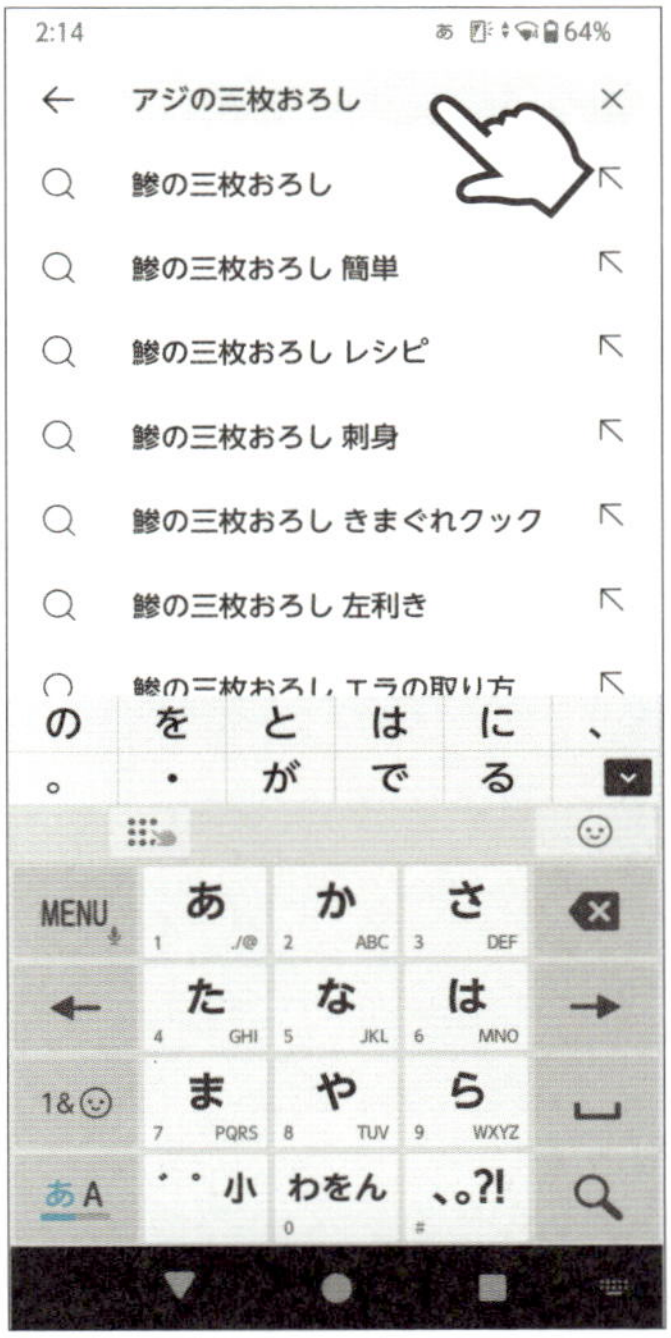

④検索ワードにマッチした動画が出てくるので、気になる動画をポンと押します。

⑤広告の後で動画がはじまります。画面ロックをしていない場合は、スマホを横にしたら大きな画面で観れます。

戻るには

⑥見終わったらスマホを縦にして、左上にある「∨」を押し、小さくなった画面左上の「×」を押します。

参考検索ワードあれこれ

・アジの三枚おろし
・スカーフの巻き方
・着物の帯の締め方
・昔懐かしい歌手の歌
・昭和の風景
・ウクライナ情勢

ラジオを聴く

ラジオにもいろいろなアプリがあります。しかし、特にこだわりがないのなら、リアルタイムで聴くほかに、聴き逃し再生もできるｒａｄｉｋｏがおすすめです

①スマホのホーム画面にある radiko のアプリをポンと押します。

②ライブ放送中の番組が出ます。他の番組を見る時は右上の「一覧で表示」を、聴きたい番組がある場合は、画面下の虫メガネを押します。

③ライブ放送中の番組一覧が出ます。聴きたい番組を見つけたら、ポンと押します。

radiko を インストール する

App Store か Play ストアからインストールします。英語の小文字の「ｒ」が目印です。

④番組のトップページが出てきたら、青い再生ボタンを押します。

⑤番組がスタートします。

⑥radikoはアプリを閉じても流れ続けます。終わらせるには、再びアプリを開いて番組のページに戻ります。

⑦番組のトップページに行ったら、青い停止ボタンを押します。これでラジオが終了しました。

スマホでできる脳活に挑戦

脳活アプリは、漢字の読み書きや計算にクイズなど種類が豊富です。ここでは、手軽にはじめられる日本語バージョンの数字早押しゲームを紹介します。

①スマホのホーム画面にあるタッチ・ザ・ナンバー（TochiN）のアプリをポンと押します。

②難易度は「3 × 3」「4 × 4」「5 × 5」の3つです。好きな難易度をポンと押します。

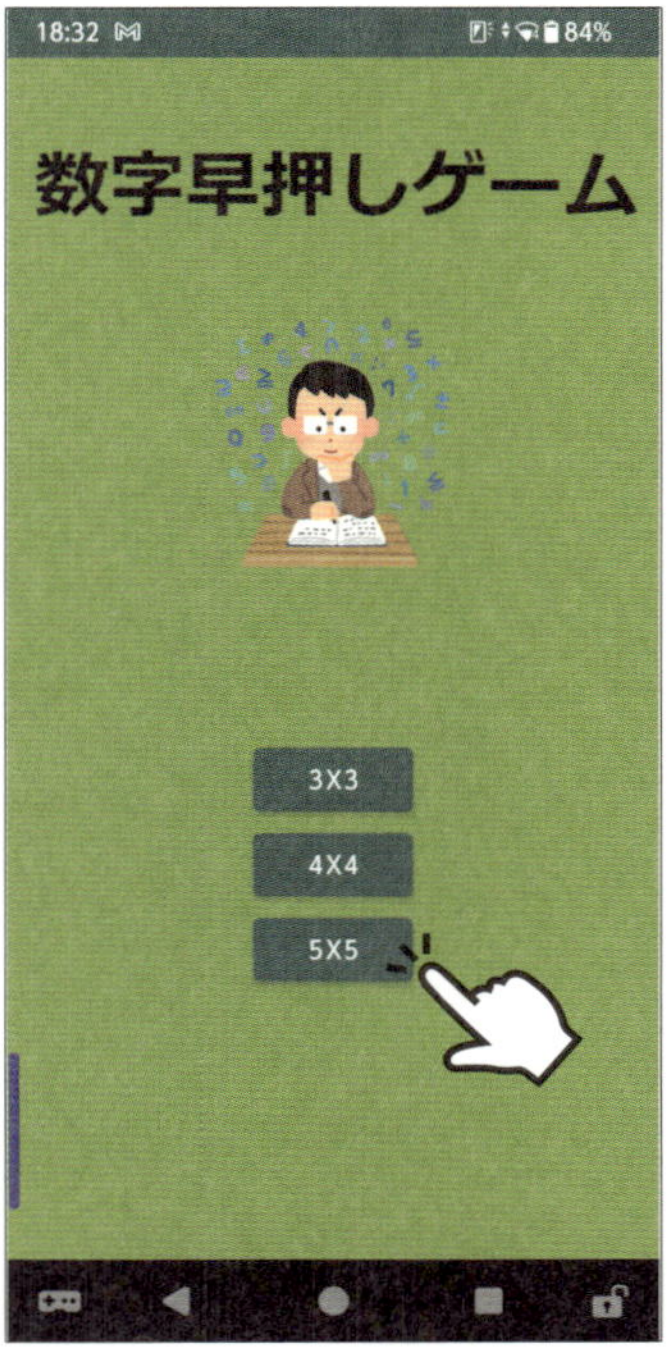

数字早押しゲームをインストールする

App Store か Play ストアからインストールします。数字の 1 を指で押しているマークです。

③「5 × 5」を選んだ場合は、1から25までの数字が順番に並んで出てきます。

④画面下にある「START」を押すと、自動で数字がバラバラになり、同時にゲームがはじまります。

⑤1、2、3と順番に数字を押していきます。すると、押した番号のタイルが黄色に変わります。

⑥25まで押したらゲーム終了。画面上のRECORDは、それまでの1番いい成績です。Timeは直前に行ったゲームの秒数。

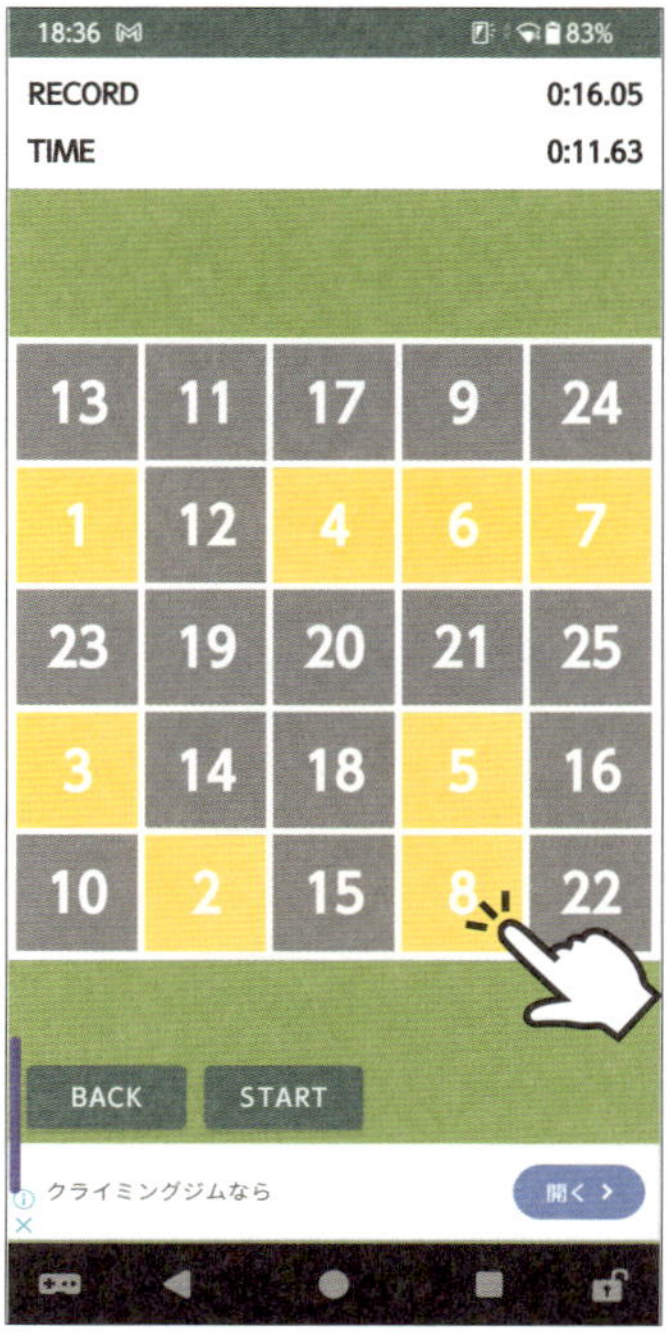

iPhoneのコントロールセンターを使いこなそう

スマホには利用者が使うであろう項目のショートカット（近道）ボタンを集めたページがあります。設定やアプリを開かずに操作できるので便利です。

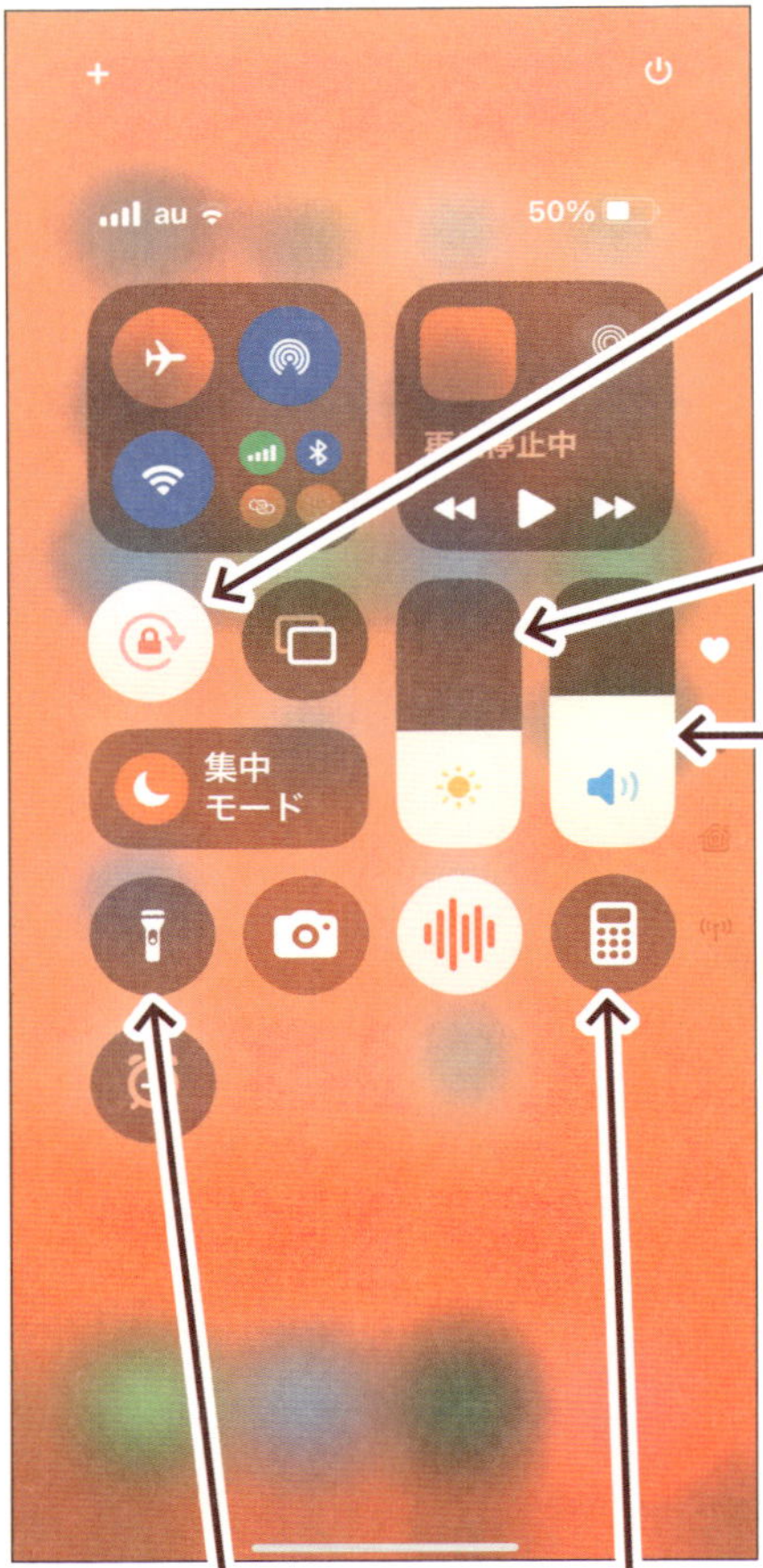

画面をロックする
オンにすると、スマホを縦横に動かした時に画面がグルグル回るのを防ぎます。

明るさを調整する

音量を調整する

懐中電灯機能
押すとカメラ横のライトが光ります。再び押したらライトが消えます。

電卓
電卓のマークを押すと、電卓アプリが開きます。

コントロールセンターの出し方

ホームボタンがないタイプは右上から、ホームボタンがあるタイプは下からなぞります。

●アラーム（目覚まし）

①目覚ましマークを押すと、アラームの設定ページが出てきます。画面右上の「+」を押します。

②新しいアラームの時間設定ページが出てきます。時間を設定したら右上の「保存」を押します。

③アラームの時間設定ができました。時間の右側にあるボタンが黄緑になっていることを確認しましょう。

●ボイスメモ（録音）

①音波のようなマークを押すと、録音がスタートします。もう一度同じマークを押すと録音が終了します。

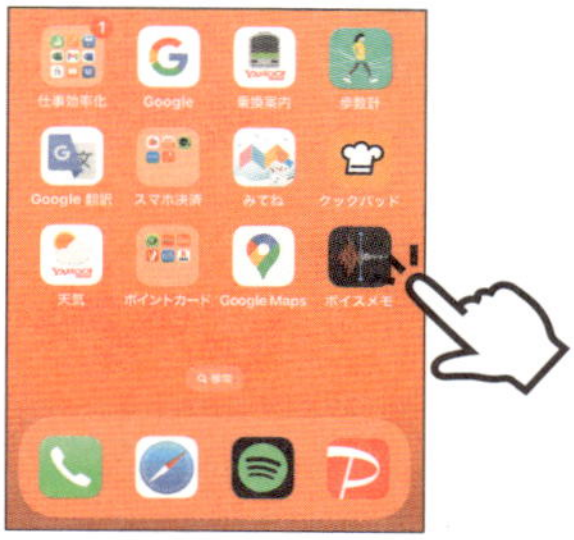

②「ボイスメモ」アプリを開きます。

③「再生」ボタンを押すと流れます。

●コントロールの追加方法

①コントロールセンターを開き、どこでもいいので長押しします。

②画面下の「コントロールを追加」を押します。

③アプリを動かせるようになるので、追加や場所移動ができます。

Androidのクイック設定を使いこなそう

Androidでは、ショートカットボタンを集めたページを「クイック設定」と呼びます。このページは、設定やアプリを開かずにパッと操作できます。

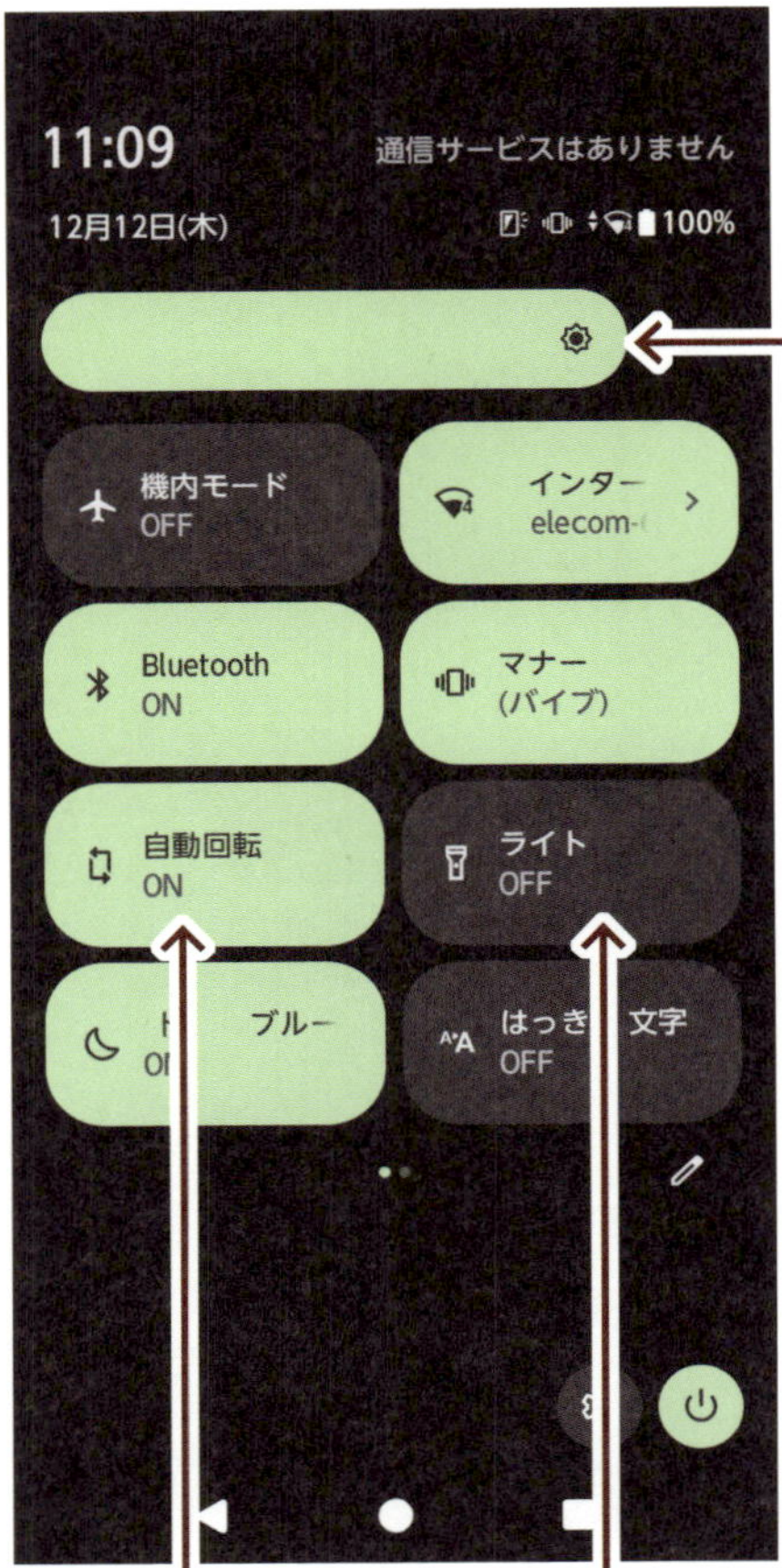

明るさを調整する

画面をロックする
「OFF」にすると、スマホを縦横に動かした時に画面がグルグル回るのを防ぎます。

懐中電灯機能
「ON」にすると光り、点灯中はボタンが緑色になります。再び押したらライトは消えます。

クイック設定の出し方

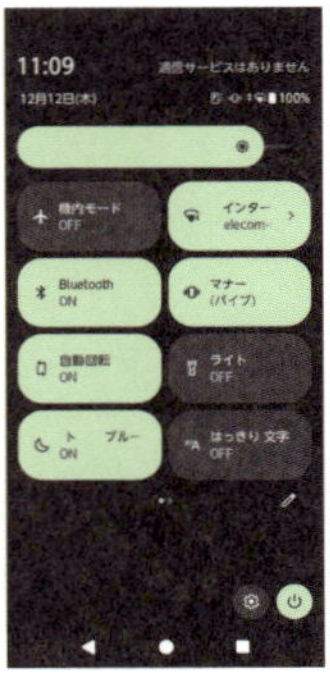

画面の上から下まで指でなぞります。

右にスライドした2ページ目

●アラーム(目覚まし)

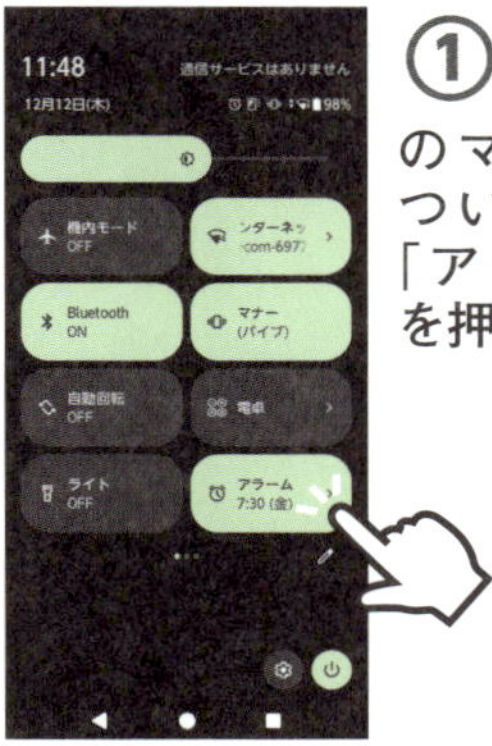

①目覚まし時計のマークがついている「アラーム」を押します。

②アラームをかけたい時間を設定します。設定し終わったら「OK」を押します。

●電卓

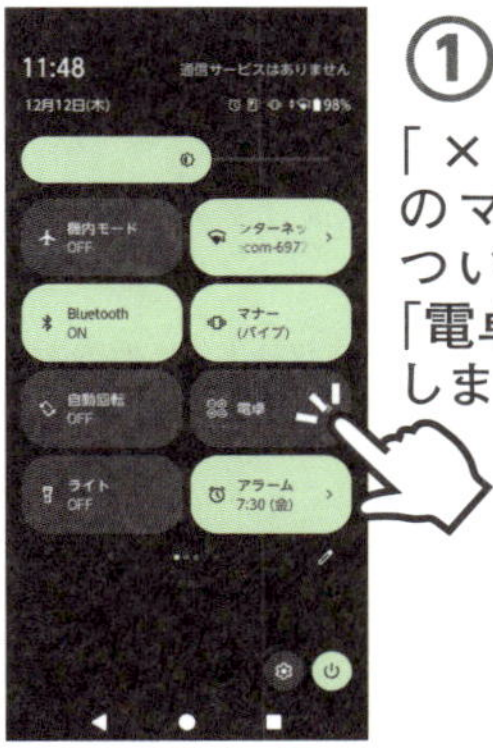

①「＋」「－」「×」「÷」のマークがついている「電卓」を押します。

②電卓アプリが立ち上がったら、自由に計算をします。

●クイック設定の追加方法

①右下の方にある鉛筆マークを押します。

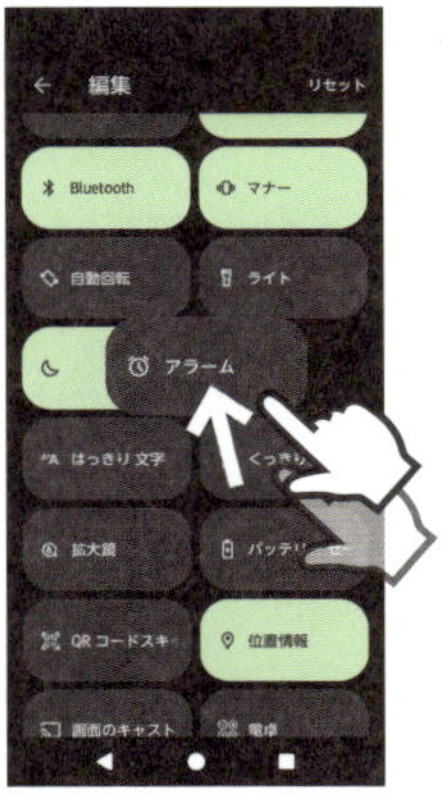

②追加できる項目が出てきます。追加したいものを長押しして好きな場所に移動させ、「編集」を押すと追加されています

③画面下の真ん中の「●」を押したら、クイック設定が終了します。

カメラの位置

〈注〉機種により位置は異なります

カメラは写真を撮る時以外にも、アプリの使用中に自動的に立ち上がることがあります。そのため、事前にレンズの位置を覚えておくと安心です。

iPhone

内側についている「インカメラ」です。やや左側についています。

外側についている「アウトカメラ」です。望遠や広角などの複数のレンズが左側についています。

Android

真ん中についています。

iPhone と同じように、左側についています。レンズの数は機種によって異なります。

スクリーンショットの撮り方

〈注〉機種によりやり方は異なります

画面をそのまま写真として残せる機能です。検索したレシピやアプリのパスワードなどのメモ代わりになります。

iPhone

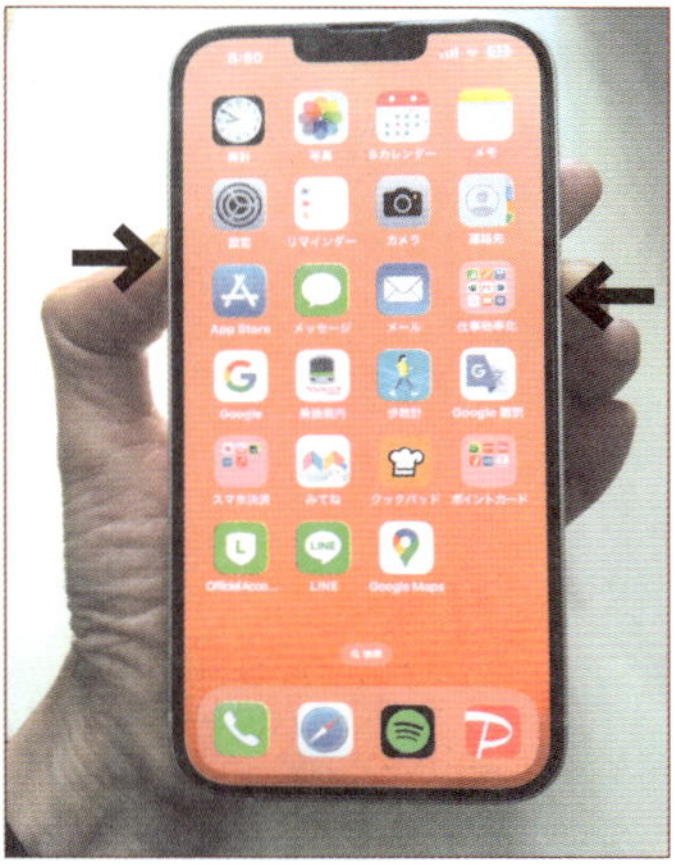

① ホームボタンがないタイプは右側の電源ボタンと、左側の音量を大きくする方のボタンを同時に押します。

② 撮った写真は、写真アプリに保存されます。

Android

① 右側にある電源ボタンと音量を下げるボタンを同時に押します。

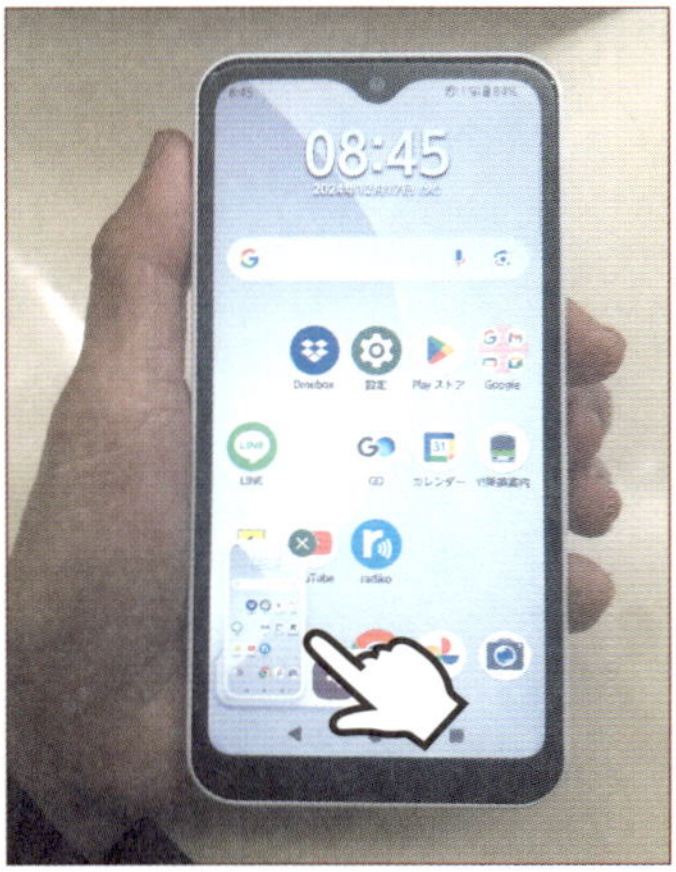

② 撮った写真は、フォトのコレクションの中の「スクリーンショット」に保存されます。

広告の消し方

無料のアプリや動画を見ている時に出てくる広告はやっかいですが、ちょっとした操作で消すことができます。

タイプ①

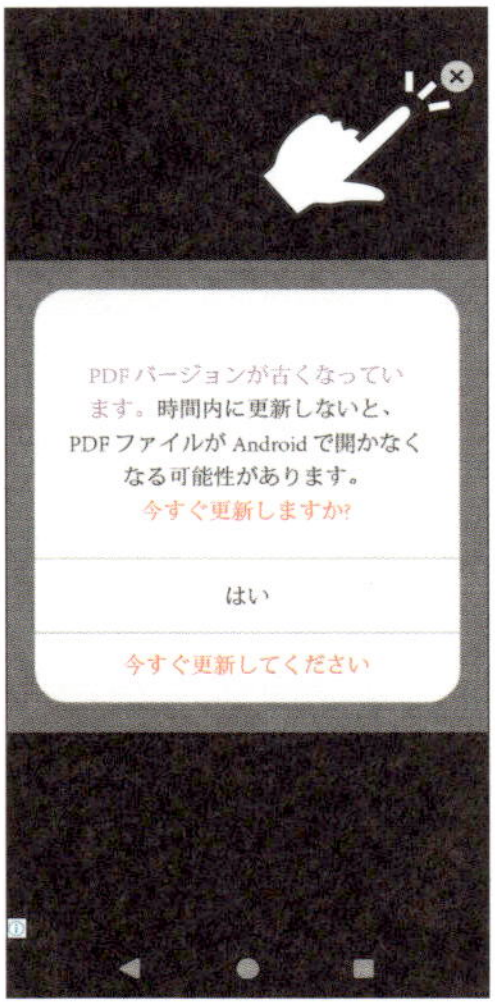
PDFバージョンが古くなっています。時間内に更新しないと、PDFファイルがAndroidで開かなくなる可能性があります。
今すぐ更新しますか?
はい
今すぐ更新してください

赤い文字は目立ちやすいので、ついつい押してしまいがちですが、このタイプは右上にある「×」を押します。

タイプ②

広告
SeoulPickup
仁川・金浦空港送迎サービス
親切ドライバーと日本人スタッフサポートにて安心でき、新しくきれいな車内で快適空間です
開く

青い「開く」ボタンは押さずに、左上にある「×」を押します。

無料のアプリを使っている時や動画やサイトを見る時は、数十秒の広告CMが流れたり、広告ページが開くことがあります。いろいろなタイプがありますが、やっかいなのがアプリをインストールさせる広告です。

その際にウイルスも一緒にインストールしてしまう危険性があるため、広告が出たら「×」か「戻る」を押すようにしましょう。

タイプ③

数字早押しゲーム
広告
インストール

青い「インストール」ボタンは押さずに、右上にある「>」を押します。

アプリを完全に終了する方法

アプリを終了したつもりでも、きちんと終了できていないこともあります。動作が鈍くなる原因にもなるので、毎日終了させましょう。

iPhone

① ホームボタンがないタイプは、画面の下から右上に曲がるようになぞります。ホームボタンのタイプはホームボタンを2度続けて押します。

② 開いているアプリが全て表示されます。指で押さえながら上に上げると画面から消えます。これでアプリが終了しました。

③ 開いているアプリが全てなくなるまで、②の操作を繰り返していきます。

Android

① Android は機種によってやり方が様々ですが、ほとんどの場合は画面の下に「◀」「●」「■」のマークが出ています。

② 「■」を押すと、開いてるアプリが全て出てきます。

③ 下から上に持ち上げるとアプリが終了します。この操作を繰り返していきます。

画面の見方

アプリでメニューが消えた場合

スマホ画面は、大体同じ作りになっています。目をやる場所に慣れておくと操作がスムーズになります。

アプリを使っている最中にメニューが消えてしまうことがあります。そんな時は画面の上か下を見て、「<」、「戻る」、「×」を探します。これらを押すと1つ前のページに戻ります。

①大体どのアプリでも、ホーム画面の上か下にメニューがあります。

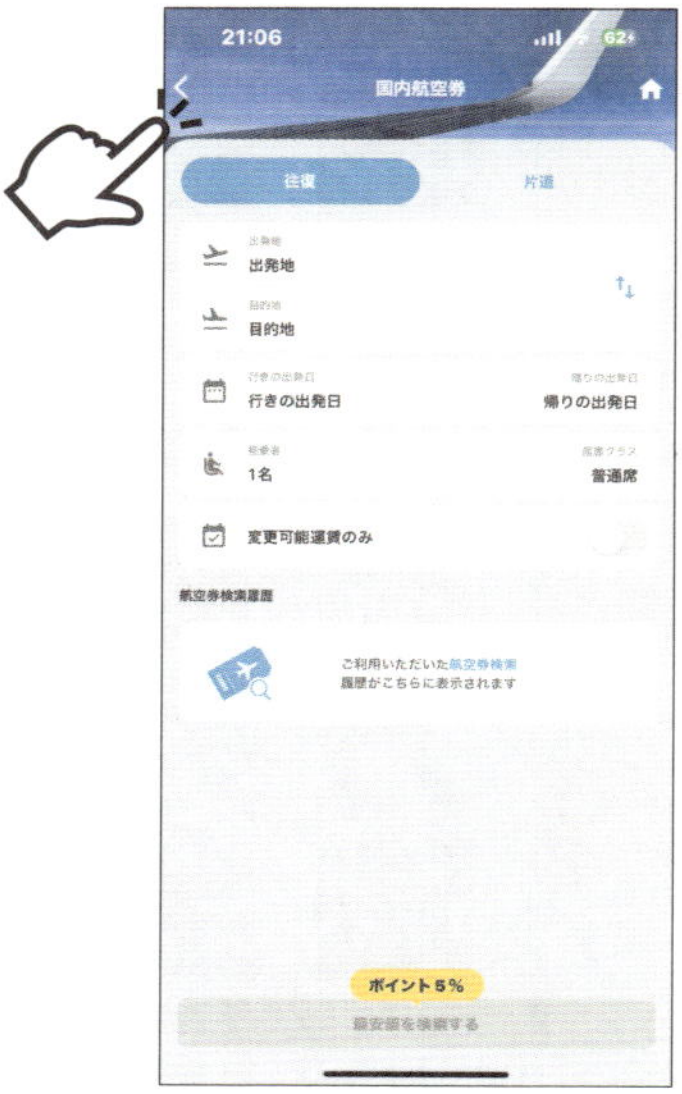

②新しいページに移ってメニューがなくなったら、画面の上か下にある「<」や「戻る」を押すと、1つ前のページに戻ります。

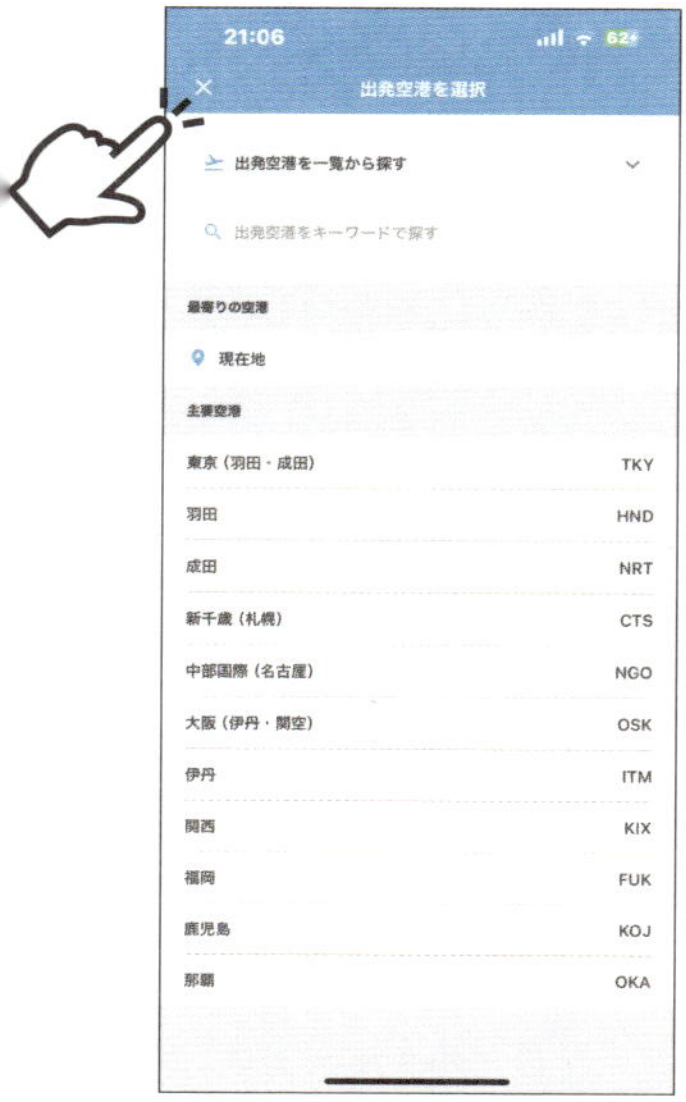

③ページによっては、「<」や「戻る」ではなく「×」を押す場合もあります。

写真でメニューが消えた場合

写真、動画、マンガなどを楽しんでいるうちに自然とメニューは消えてしまいますが、簡単な操作で復活します。

スマホは画面全体で楽しめるように、時間が経つと自動的にメニューが消えるようになっているものもあります。メニューを出したい時は、画面を1回ポンと押すだけです。

①写真を開いた時はメニューは出ていますが、メニューが消えてしまっていることがあります。

②画面の真ん中あたりを1回ポンと押します。

③再びメニューが出てきます。反対に、メニューが出ている画面を押すとメニューは消えます。

自分のスマホの機種の調べ方

スマホの使い方は機種名と合わせて操作方法（スクショの方法など）を検索するとわかります。機種名を、まずは調べてみましょう。

iPhone

設定

①歯車の形の「設定」を押します。次に「一般」を押します。

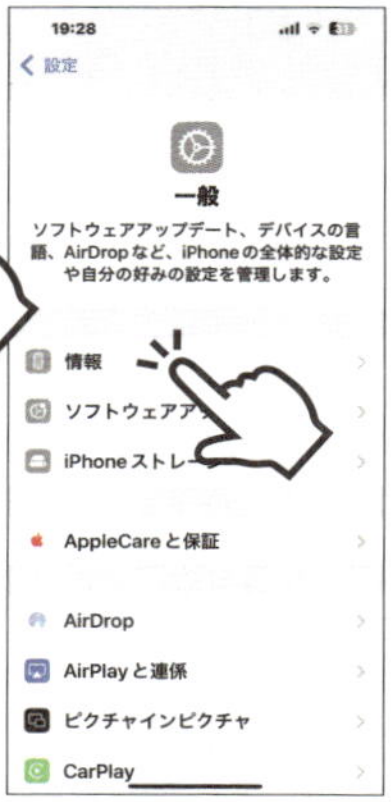

②一番上の「情報」を押します。

③機種名などがでてきます。この iPhone の場合は「iPhone14Plus」というのが機種名です。

〈注〉機種によりやり方は異なります

Android

設定

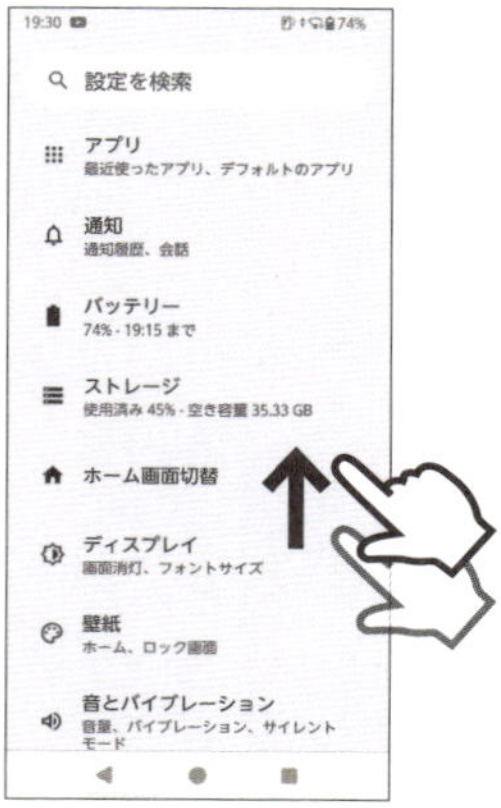

①歯車の形の「設定」を押したら、画面を下から上に上げていきます。

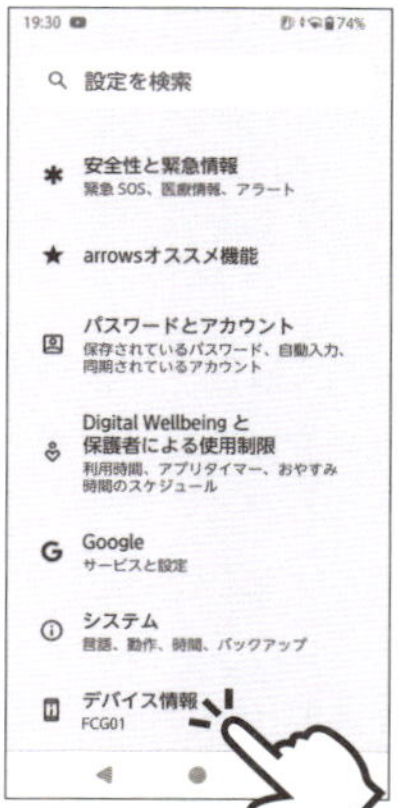

②「デバイス情報」という項目が出てきたら、ポンと押します。

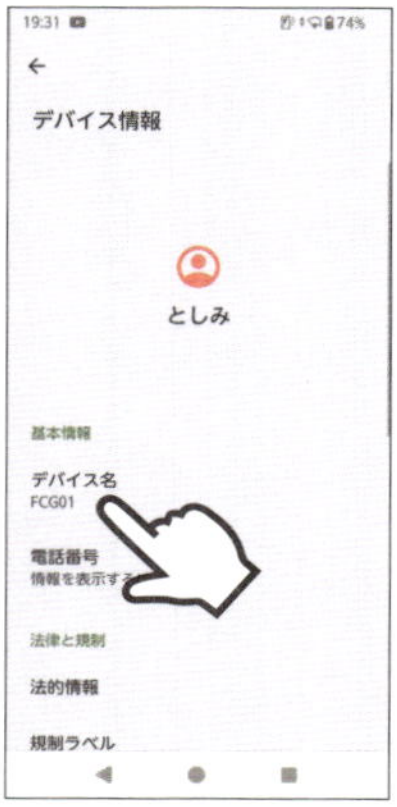

③機種名などがでてきます。この Android の場合は「FCG01」というのが機種名（デバイス名）です。

もしもスマホを失くしてしまったら

スマホを失くしてしまったら、まずは一旦心を落ち着かせましょう。まわりの人に、一度電話してもらうと見つかることがあります。

まずはスマホを紛失したことを携帯電話会社に連絡しましょう。スマホがない状態ですからネット経由ではなく、一般電話から携帯電話会社（下記参照）にする方法が手っ取り早いと思われます。

紛失した場所に心当たりがある場合は、その場所を所轄する警察署か交番に遺失届書を提出することも忘れずに。そして、スマホ決済を使っている場合は、決済サービスも停止しましょう。スマホにロックをかけている場合は、すぐにはスマホを開けないので、ひとまず安心です。

ドコモ インフォメーションセンター
24時間受付（年中無休）　**0120-524-360**（無料）

au 故障紛失サポートセンター
9:00～20:00受付（年中無休）　**0120-925-919**（無料）

ソフトバンク カスタマーサポート
24時間受付（年中無休）　**0800-919-0113**（無料）

便利メモ帳

注意：ただし、他人には絶対見せないように！

登録年月日	年　　月　　日
サイト・アプリ名	
ID/ ユーザー名	
パスワード	
メールアドレス	

登録年月日	年　　月　　日
サイト・アプリ名	
ID/ ユーザー名	
パスワード	
メールアドレス	

登録年月日	年　　月　　日
サイト・アプリ名	
ID/ ユーザー名	
パスワード	
メールアドレス	

登録年月日	年　　月　　日
サイト・アプリ名	
ID/ ユーザー名	
パスワード	
メールアドレス	

スマホを購入した時の
レシート・領収書等があれば、貼っておきましょう
(料金プランがわかるものがあるとなおよいです)

レシート・領収書等がなければ、わかる範囲で記載しておきましょう

スマホの機種名:

スマホを購入した店舗名:

スマホを購入した日:　　　　年　　　　月　　　　日

渡辺としみ（わたなべ　としみ）

スマホインストラクター　NPO タブレット利活用協会　理事長
1964 年生まれ。短大卒業後、都市銀行に７年勤めて退社。結婚・子育てを経て 2006 年より５年間、地元のパソコン教室で講師として働く。2011 年よりタブレット講師として活動するようになる。2014 年には NPO タブレット利活用協会を立ち上げ、急速な IT 化に取り残されそうなシニア層に向けて、タブレット・スマホの使い方をやさしく楽しく伝える講座を開講。現在も、東京都江東区・北区・目黒区・港区などの老人福祉施設等で精力的に「シニア向けスマホ講座」「認知症予防にもなるタブレット講座」等を開催している。受講者数は延べ２万人。

70 歳からの楽しいスマホ術
2025 年３月３日　初版発行
2025 年６月７日　２刷発行

著　者　渡辺としみ
発行人　杉原　葉子
発行所　株式会社電波社
〒 154-0002　東京都世田谷区下馬 6-15-4
TEL. 03-3418-4620
FAX. 03-3421-7170
https://www.rc-tech.co.jp
振替　00130-8-76758

ISBN978-4-86490-285-4　C0055

印刷・製本　株式会社光邦